外婆喊我吃饭了

最有故事的儿童餐

陈蕾 著

山东画报出版社

FOREWORD

外婆的饭菜，世上最温暖的味道

住在娘家，每天清晨都是伴着厨房里的叮叮当当、晨间广播的咿咿呀呀和汤菜粥饭的缕缕清香醒来。从小就赖床舍不得被窝里那点温暖的我，似乎已经习惯了每天早上的声音、早上的味道，似乎已经习惯了每天早上天还未亮时妈妈的忙忙碌碌。这声音、这味道悠悠扬扬地飘入耳朵、钻进鼻子，才渐渐有了温暖的踏实——妈妈家。

咕咚是他姥姥带大的，从小到大的一粥一饭、一餐一食，无不蕴涵了姥姥对外孙的喜爱、疼爱，甚至"溺爱"。在外孙眼里，姥姥的饭菜是这世上最鲜美的味道。每每在外用餐，咕咚总是爱与姥姥的饭食进行比较，当然，结论不言而喻，哪里的饭也不如姥姥做的饭好吃。在外孙眼里，姥姥是这世界上最神奇的厨师，无论自己有什么要求，哪怕是童言玩笑，姥姥也能把它们变成餐桌上的美食。一次，姥姥询问咕咚想吃什么，咕咚随口说了一句"胡萝卜炒豆腐"，继而咯咯笑起来，可能自己也觉得胡诌出来的菜谱实在好笑。谁知当天中午，一盘色泽诱人、香气四溢的胡萝卜炒豆腐就摆在了餐桌上。在外孙眼里，姥姥的饭菜还有着温暖治愈的能量。每次咕咚生病，都是姥姥最忙碌也最疲惫的时候，生病期间的饭菜看似简单清淡，却是姥姥最最用心、最最费心劳神的：生病时忌讳吃什么？需要补充什么营养？不能油腻也不能太咸，还怕外孙没胃口吃不下去……咕咚的好胃口、好身体跟姥姥的精心调养、科学喂养有着密不可分的关系。

姥姥经常说："照看咕咚不只是让他吃好、喝好、身体好，更重要的还是良好性格及行为习惯的培养。"因此在咕咚对这个世界还懵懵懂懂的时候，姥姥就注意在生活中引导咕咚、教育咕咚。咕咚刚刚牙牙学语时，姥姥就寓教于乐地教给咕咚很多礼貌用语，带着咕咚出门时也很注意和别人打招呼，因此，咕咚从小见到长辈、朋友都会主动问好。平时做家务时，姥姥就会引导咕咚帮忙，小时候帮忙拿个东西，大点了和姥姥一起买菜、洗碗、打扫卫生……除了享受到劳动带来的乐趣，还能得到姥姥准备的"硬币"奖励，何乐而不为呢？咕咚两岁多的时候，物权意识特别强，姥姥就利用绘本故事，在吃饭的时候让咕咚把食物分享给大家；出去和小伙伴玩时，也让咕咚带着玩具和大家进行交换……也正是姥姥对咕咚身体和心灵的双重呵护，才使咕咚成长为一个健康、快乐的孩子。

准备这本书的过程短暂而又漫长，时间紧，姥姥对自己的饭菜质量要求又高，一道美食反复试做好多遍，味道细微的变化也不能放过，不厌其烦；拍照时一勺一碗的摆放，精益求精；一张张照片不同角度的拍摄，亲力亲为……姥姥经常说这是留给自己不会做饭的女儿的，更要为喜欢姥姥美食的妈妈们、朋友们负责。

姥姥就是这样，对家、对外孙、对美食，总是这样温暖，这样坚韧。这一道道美食是属于女儿的妈妈的味道，是属于外孙的姥姥的味道，更是属于大家的爱的味道。

咕咚妈妈　李想

2017 年 6 月

CONTENTS

PART 2　热菜总动员

PART 3　凉菜别小瞧

PART 4 爱上早餐有办法

PART 5　来点儿甜头

PART 6 蛋糕、比萨、汉堡，难挡的诱惑

INTRODUCTION

一 儿童餐的常用工具

俗话说"工欲善其事，必先利其器"，想要给家人烹制出既营养又美味的菜肴和甜点，就必须先备好各种常用器具。

炒锅：主要用来煎炒烹炸，是厨房的主要煮食用具。

蒸锅：主要用来蒸馒头、包子、花卷等面食类食物，还可用来蒸米粉肉、红薯、鱼等蒸菜类食物以及馏馒头、剩饭等。容量：26 厘米二层蒸锅。

电饭煲：除了用来蒸米饭，还可煲汤、煮粥、蒸菜，煮面条，蒸蛋糕等。容量：4升。

电压力锅：主要用来炖排骨、炖牛羊肉、煲汤、煮豆粥等，省时又省力。

电饼铛：双面加热电饼铛，除了用来烙各种饼类、煎鸡翅、煎鱼虾等，还可用来烤肉串等。

平底锅：除了用来烙制各种饼类、煎鸡蛋、煎牛排等，还可用来做锅贴、水煎包。

刀具、菜板：要备两套，一套用来切熟食，一套用来切生食。还需笊篱一把，铲子一把，刮皮刀一个。另外要备一个比菜板大一点的面板和两个擀面杖，擀面条用略粗长一点的，擀饺子皮用略细短一点的。

多功能料理机（搅拌杯、绞肉杯、干磨杯）：搅拌杯可用来榨果蔬汁、打豆浆，还是制作豆沙、果酱的好助手；绞肉杯可用来绞肉馅，还是做肉丸子的好助手；干磨杯可用来磨花椒粉、胡椒粉、芝麻粉等。

家用电烤箱：电烤箱可用来烘烤蛋糕、面包、饼干、比萨饼、薯条、红薯等，还能制作烤鸭、烤鸡、烤串等。容量：40升。

电动打蛋器：可用来打发蛋黄、蛋清、淡奶油等，是制作蛋糕的必备工具。6寸蛋糕模可用来给孩子做生日蛋糕。

家用面包机：除了用来做面包，还能用来和面、揉面、发面等。

家用电子秤：用于日常家庭烘焙及烹制菜肴、面点等。准确的称量是做出各种美味的基本前提。

二 外婆的厨房小妙招

1. 怎样蒸鱼更鲜嫩？

主要掌握两点：

①确保鱼新鲜。大小最好控制在 400—650 克之间，火候掌握在 8—10 分钟。

②蒸鱼时等蒸锅水滚开后再上蒸笼，这样能使鱼外部突然遇到高温蒸汽而立即收缩，锁住内部鲜汁，熟后味道更鲜。

2. 怎样让手擀馄饨皮相互不粘连？

自己擀的馄饨皮摞起来很容易粘在一起。如在擀皮时，适当撒一点玉米淀粉作手粉，可使馄饨皮之间不粘连。

3. 怎样给肉片、肉丝上浆？

给肉上浆，是为了使肉在炒制过程中锁住水分，获得鲜香滑嫩的口感。需注意上浆的顺序和要求：

①先放入盐和料酒（根据需要也可加生抽和其他调味料），充分抓至发黏入味。

②放入蛋清抓匀（也可不加），加入淀粉抓匀，再加几滴油拌匀，腌制 15—20 分钟。

4. 怎样炒肉不粘锅、不粘连？

炒菜时很容易遇到肉质变老或粘锅问题，需注意两点：

①先把铁锅烧得热一点，然后再倒入油，立马放入肉翻炒。

②在上好浆的肉里，加几滴植物油拌匀，可避免粘锅，也会轻松地把肉炒散。

5. 怎样让蒸出的馒头不塌陷？

如果用的面粉和酵母确定没有问题，可注意三点：

①二次发酵要充分。揉好的馒头生坯，一定要放置温暖处再次饧发，见馒头生坯明显蓬松，掂在手里感觉明显轻了，这时才能上锅蒸。

②要凉水上锅。火不能太大。中火烧开，上汽后依然用中火蒸。

③最好配一个竹编的笼屉盖。因透气性好，多余的蒸汽不会集聚在盖子上，然后滴在馒头上。

6. 番茄如何快速去皮？

①先用刀在番茄顶部划一个十字，然后放进滚水中一烫，皮会很快卷起来。

②馏馒头的时候，顺便把西红柿放进去，蒸 1 分钟，皮会很快皱起来。

7. 怎样炒山药、莲藕、土豆不变色？

切好的山药、莲藕、土豆，有时瞬间会成褐色，可注意两点：

①切原料之前，先备好一盆清水，加入一点盐。这样将原料放入盐水中，就会避免变色。

②如果做凉拌菜，先将水烧开加入一点盐，再把切好的原料进行焯水。见变色立马捞出，放入备好的凉水中浸透，会很好地避免变色，还能确保口感脆爽。

8. 怎样煮速冻水饺不破？

注意两个小细节，就会使煮熟的饺子不破，口感也好：

①提前 10 分钟把冻饺子从冰箱里取出来，锅里加入足够的水，加入一点盐。

②水不要完全烧开。水烧至七成开时下入饺子，用勺背沿锅边慢慢推动，以免粘锅。

9. 怎样炒鸡蛋更嫩滑？

2 个鸡蛋加入 20 克清水，充分搅拌均匀，倒入锅中用中小火慢炒，成品口感格外滑嫩，而且还不易炒煳。

10. 怎样煮鹌鹑蛋及如何快速剥皮？

①将鹌鹑蛋放入锅内，加入足够的水，中火烧开，转小火煮 2 分钟即可。

②煮好的鹌鹑蛋放入凉水里激一下，再放入一个合适的保鲜盒里，来回晃动 10 秒左右。用手从蛋的粗头撕开蛋膜，捏住一点轻拽，蛋壳就会轻松剥掉。

11. 怎样煮鸡蛋好吃又营养？

煮鸡蛋看似简单，火候却不易把握，时间太短会使蛋黄不熟，时间太长会使鸡蛋变老，口感不好。可参考以下做法：

以中等大小的鸡蛋（62 克）为例：凉水下锅，水烧开后计时 7 分钟关火，再焖 5 分钟。这样煮出来的鸡蛋既能杀死致病菌，又能使营养不流失。

12. 怎样做出筋道好吃的肉丸子？

①肉最好剁或搅成泥状。

②用葱、姜、花椒水调味。

③一手端盆，一手刮起肉泥，连续摔打 30 次以上，直至呈现胶质状。

PART 1

别致面食，十个孩子九个爱

外孙咕咚吃的面食，除了水饺、馄饨，我很少用纯面粉制作，而是有意在面粉里加入适量小麦胚芽、黑芝麻、玉米面等，主要是为了增加营养成分和改善口感。特别是小麦胚芽，它是小麦生命的根源，是小麦中营养价值最高的部分。掺在面粉里，不但营养好，自然的麦香还会增强孩子的食欲。

小麦胚芽
馒头

馒头和米饭是外孙的两大主食，作为北方孩子，馒头吃得相对多一些。

我喜欢自己动手做馒头给外孙吃。自己做馒头只加酵母，不会添加更多的食品添加剂，吃着更放心；另外，在面粉里加入适量小麦胚芽、玉米面、黑芝麻、南瓜泥等，做成杂粮馒头，营养也更全面。尤其搭配汤类及小炒，小外孙似乎永远吃不够。

主料：
普通面粉 500 克
小麦胚芽 40 克
干酵母 5 克（90 克温水）
清水适量

外婆小·叮嘱

1. 做馒头的面团要比包饺子的面略硬。
2. 溶化酵母，夏季温度高用凉水，冬季温度低用温水。温水不要超过 40 度，否则水温过高易使酵母失去活性。
3. 酵母里加一点白糖，可提高酵母菌活性，缩短发面时间。
4. 馒头生坯二次饧发要充分，见生坯明显蓬松再上锅蒸。

做法：

1. 备好小麦胚芽、面粉。
2. 将胚芽和面粉混合在一起，酵母加糖用温水溶化开。
3. 先加入酵母水搅匀，再试着加水，用筷子搅拌成絮状。
4. 先揉成面团，盖好饧 10 分钟，再揉至表面光滑。
5. 盖好放在温暖处发酵至原来的两倍大。
6. 将面团移至面板上，反复揉匀，再搓成长条，揪成约 75 克一个的面剂子。
7. 将面剂逐个反复揉匀，再揉成收口朝下表面光滑的馒头。
8. 蒸笼内铺好略湿的笼布，间隔摆好馒头生坯，盖好进行二次饧发。
9. 见生坯明显蓬松，冷水上锅，中火烧至冒气，蒸 20 分钟即可。

椒香
小花卷

这款小花卷，咬一口暄软可口，尤其那椒香味儿让人留恋，且制作手法最简单。

早餐，小外孙吃了两个，可不到一小时，小家伙又嚷着："姥姥，我还想吃一个花卷。"

主料：

普通面粉 350 克

小麦胚芽 20 克

干酵母 4 克（70 克

温水加 1 克白糖）

清水适量

调料：

盐 4 克

花椒粉少许

花生油 25 克

外婆小·叮嘱

❶ 花椒炒香后再磨粉，可使油卷椒香味
更浓。

❷ 用刷子抹油可减少用油量。

做法：

❶ 酵母用温水化开，倒入面盆搅匀，试着加水和成面团，
饧 10 分钟，再揉成表面光滑的面团，盖好放至温暖
处发酵至原来的两倍大。

❷ 发好的面移至面板上，反复揉匀后分成 3 块。

❸ 分别擀成厚度为 0.7 厘米的长方形，依次撒盐抹匀，
撒花椒粉抹匀，刷上薄油。

❹ 卷叠成扁圆的长条。

❺ 切成均匀的长方块。

❻ 两个摞起来，用一根筷子轻压，花纹自然上翻，收好
两头即可。

❼ 蒸笼内铺好略湿的笼布，间隔摆好油卷生坯，盖好进
行二次饧发。见生坯明显蓬松，冷水上锅，中火烧至
冒气，蒸 15 分钟即可。

黑芝麻
香油卷

用黑芝麻制作的各种小吃和主食，最大的特点——香。锅里油卷的香气，似乎能唤醒沉睡的小外孙。一碗米粥，一个小油卷，就着一份卷心菜炒鸡蛋，小家伙吃得好香！

做法：

1. 备好面粉、芝麻粉、香油和盐。
2. 芝麻粉倒入面盆里拌匀。
3. 用温水将酵母融化，倒入面盆搅匀，试着加水和成表面光滑的面团。
4. 盖好放置温暖处发酵至原面团的两倍大。
5. 将面团移至面板上，反复揉匀后分成两块，分别擀成厚度为 0.7 厘米的长方形，撒上盐并用手抹匀，刷上薄油。
6. 卷成长柱状，切成大小均匀的油卷。
7. 蒸笼内铺好略湿的笼布，间隔摆好油卷生坯，盖好，进行二次饧发。
8. 见生坯明显蓬松，冷水上锅，中火烧至冒气，蒸 15 分钟即可。

外婆小·叮嘱

1. 芝麻要炒熟后再磨粉，蒸出来的油卷香气才浓。
2. 也可不放油，加少许盐直接蒸黑芝麻小馒头。

主料：

普通面粉 450 克

熟黑芝麻粉 45 克

酵母粉 5 克（70 克温水）

清水约 222 克

调料：

盐 5 克

香油 15 克

芹菜叶
小窝头

资料显示："芹菜叶的膳食纤维含量是芹菜的 1.8 倍；芹菜叶中的蛋白质、脂肪、碳水化合物、胡萝卜素、维生素 C 以及锌的含量都远远高于芹菜茎。"所以，摘下的芹菜叶不要扔掉，想办法利用多种烹制方法做出让家人喜欢的美味。

"芹菜叶小窝头"是我最喜欢的一种吃法，要想把"芹菜叶小窝头"的口感掌握好，几种粉类的用量配比是关键。

主料：
小米面 80 克
玉米面 80 克
面粉 80 克
芹菜叶 100 克
干酵母 3 克（80克温水）
清水适量
调料：
盐 2 克

外婆小·叮嘱

❶ 芹菜叶不要焯水，剁碎后也不要攥水，使其保留更多的营养素。

❷ 窝头要捏得小一点，短时间蒸制，可避免芹菜叶变成黑灰色。

做法：
❶ 备好小米面、玉米面、面粉，芹菜叶洗净。
❷ 将芹菜叶剁碎，但不要攥水。
❸ 将三种粗细粮混合均匀，加入芹菜叶、盐。
❹ 将芹菜叶、盐与粉类拌匀，酵母用温水化开。
❺ 加入酵母水拌匀，试着加水和成面团，盖好放置温暖处饧发。
❻ 面团饧发至原来的两倍大。
❼ 蒸笼内铺好略湿的笼布。面团直接取约 60 克一个的剂子团成上尖下圆的形状，用拇指顶入面团中旋转捏出窝头的孔，间隔摆好。中火烧至冒气，蒸 15 分钟即可。

红糖包子

我制作的糖包，深红油亮的糖浆一出，麦香与红糖的香味便飘散开来。咕咚边吃边说："姥姥，你是世界上做饭最好吃的姥姥！"哦，这是我听到的最甜蜜的夸奖！

做法：

❶ 备好小麦胚芽、面粉、红糖。

❷ 红糖里加 8 克面粉拌匀。

❸ 将小麦胚芽倒进面粉盆，酵母用温水化开。

❹ 加入酵母水搅成絮状，试着加水和成面团，盖好放到温暖处发酵至原来的两倍大。

❺ 面团揉匀搓成长条，揪成 60 克一个的面剂子，擀成薄厚均匀的面皮。

❻ 面皮上放 6 克糖，将面皮围成三角形，将三边的中心点聚集贴紧。

❼ 将三个角沿边缘以下依次粘紧，捏出厚唇样子。

❽ 蒸笼内铺好略湿的笼布，间隔摆糖包，盖好进行二次饧发。见糖包明显蓬松，冷水上锅，中火烧至冒气，蒸 12 分钟即可。

外婆小·叮嘱

❶ 做糖包的面团要比做馒头的面略软。

❷ 红糖里加入少许面粉，是防止红糖受热熔化后流出烫嘴。红糖和面粉的比例为 10：1，面粉加多了会形成糖疙瘩。

面皮用料：

普通面粉 400 克

小麦胚芽 20 克

干酵母 4 克（80 克温水加 1 克白糖）

清水适量

馅用料：

红糖 80 克

面粉 8 克

双色双味
豆沙包

本着饮食多样化的原则，我在做饭时，特别注意多种食材的混搭。双色双味豆沙包看上去黄白相间，掰开红绿黄白相间，咬一口，有红豆沙的浓香，也有绿豆沙的清香。

面皮用料：
白面团——面粉 170 克
干酵母 2 克（50 克温水）
水约 58 克
黄面团——面粉 150 克
干酵母 2 克（50 克温水）
南瓜泥约 110 克
馅用料：
红豆沙 120 克
绿豆沙 120 克

外婆小·叮嘱

蒸制时间，应以成品大小而定。

做法：

① 南瓜洗净，备好面粉、红绿豆沙馅。

② 两种馅各取等量合在一起搓圆。

③ 白、黄面团分别加入酵母水搅匀，黄面团加南瓜泥。

④ 分别试着加水和成面团，盖好放在温暖处发酵至原来的两倍大。

⑤ 分别将面团反复揉搓成等长的圆柱长条。

⑥ 将其转圈扭在一起。

⑦ 切成 35 克一个的面剂子。

⑧ 用手按成边缘略薄中间略厚的面皮，放馅捏紧，收口朝下。

⑨ 蒸笼内铺好略湿的笼布，间隔摆好豆包，盖好进行二次饧发。见豆包明显蓬松，冷水上锅，中火烧至冒气，蒸 10 分钟即可。

芸豆猪肉
蒸包

小家伙从小胃口好，牙口好，偏爱一些吃起来有嚼劲的食物。这款"芸豆猪肉蒸包"所用到的猪肉、芸豆、香菇和木耳都处理得不是很碎。由于发面里加了小麦胚芽，吃起来不但颗粒感十足，流于唇齿间的还有自然的麦香味儿。其实，外孙爱吃包子是个极好的习惯，因为，包子里可装进各种营养食材，就连平时他不爱吃的食材，只要处理得当巧妙地装进包子里，即可蒙混过关，外孙一样吃得很惬意。

做法：

❶ 将芸豆择洗干净，木耳、香菇洗净，备好肉馅、面粉及胚芽。

❷ 胚芽放入面盆，加入用温水融化的酵母搅匀，试着加水和成面团，放在温暖处进行发酵。

❸ 肉馅加花椒水、酱油搅匀，入味 1 小时后加葱姜末、香油搅匀。芸豆、木耳、香菇分别焯水，略挤水剁碎与肉馅混合。

❹ 加盐和花生油拌匀。

❺ 面团发酵至两倍大。

❻ 面团揉匀，搓成长条，揪成 50 克一个的面剂子，擀成边缘略薄中间略厚的面皮。

❼ 面皮一端向内折，将内折两侧黏合。顺势向面皮的左右轮流黏合，尾端黏紧。

❽ 蒸笼内铺好略湿的笼布，间隔摆好包子，盖好进行二次饧发。见包子生坯明显蓬松，冷水上锅，中火烧至冒气，蒸 12 分钟即可。

面皮用料：
普通面粉 400 克
小麦胚芽 20 克
干酵母 4 克（80 克温水加 1 克白糖）
清水 150 克
馅用料：
◎肉馅用料
猪肉馅 180 克
花椒水 50 克
黄豆酱油 20 克

味极鲜酱油 10 克
葱姜末各 20 克
香油 15 克
◎菜馅用料
芸豆 280 克
泡发香菇 40 克
泡发木耳 40 克
◎肉馅与菜馅合一用料
花生油 20 克
盐适量

外婆小·叮嘱

❶ 做蒸包的面团要比蒸馒头的面略软。

❷ 花椒水提前一天浸泡，花椒与水的比例约为 10 克花椒用 100 克水。

小白菜纯
素水煎包

晚饭我们基本不吃荤，"小白菜纯素水煎包"鸡蛋也没用。面皮软嫩，馅料多多，咬一口酥而不硬。白胖胖的水煎包，咕咚一口气吃了三个。

做法：
1. 白菜、草菇择洗干净控水，粉条煮透过凉水，豆腐切片煎至两面金黄。
2. 胚芽放入面粉盆，加入用温水融化的酵母水搅匀，试着加水和成面团，盖好放在温暖处进行发酵。
3. 白菜剁碎略攥水，豆腐和草菇切丁，粉条剁碎，姜剁细末，加入胡椒粉、油搅匀，加盐搅匀。
4. 面团发酵至原来的两倍大。
5. 面团揉匀，搓成长条，切成 30 克一个的面剂子，擀成中间略厚边沿略薄的面皮。
6. 包馅，拇指和食指捏住面皮边沿一侧转圈打褶，直至收口捏拢封口。
7. 锅中抹薄油，生坯摆好，小火煎约 1 分钟。见底部定型，倒入面粉水。
8. 冒泡时盖好继续用小火煎约 7 分钟。煎至水分收干，打开锅盖继续煎约 2 分钟即可。

面皮用料：
普通面粉 260 克
小麦胚芽 15 克
干酵母 3 克（温水 70 克加 1 克白糖）
清水约 98 克
馅用料：
◎主料
小白菜 250 克
草菇 80 克
豆腐 80 克

干红薯粉条 40 克
◎调料
姜末 15 克
胡椒粉适量
花生油 15 克
香油 15 克
盐 6 克
◎面粉水用料
清水 120 克
面粉 7 克

外婆小·叮嘱

1. 馅料处理得不要太碎，白菜剁碎后不要攥得太干，确保馅料湿润。姜和胡椒粉可适量多加，口味微辣。
2. 面粉水的量应根据锅的大小来定，一般是要没过包子底部。

韭菜猪肉
锅贴

考虑到锅贴用油相对多，过去很少做煎包给外孙吃。其实，很多传统的含油多的食物，只需在制作程序上稍作调整，就会变得既健康又美味。"韭菜猪肉锅贴"从馅的用油量里取出少许用于煎制，入口的第一感觉是香酥，接下来就是软而咸鲜适口的馅，吃起来一点儿也不影响口感。一锅12个，小外孙全吃上了，还意犹未尽的样子！

面皮用料（烫面版）：　　生抽 10 克
普通面粉 250 克　　　　姜末 10 克
小麦胚芽 15 克　　　　　蛋清 20 克
开水约 210 克　　　　　香油 10 克
馅用料：　　　　　　　　花生油 15 克
猪肉馅 150 克　　　　　盐少许
韭菜 250 克　　　　　　面粉水用料：
杏鲍菇 80 克　　　　　　水 100 克
花椒粉微量　　　　　　　面粉 5 克
黄豆酱油 10 克

外婆小·叮嘱

❶ 因锅贴两头露馅，所以馅料不可太湿，否则受热后易出汤。

❷ 肉馅加蛋清，可起到凝固作用，也会使肉变嫩。

做法：

❶ 韭菜择洗干净控水，杏鲍菇洗净，备好面粉和肉馅。

❷ 面粉、胚芽倒入盆里，绕圈边倒开水边用筷子迅速搅成松散的絮状。待稍凉后揉成面团，盖好待用。

❸ 肉馅加入花椒粉、酱油、生抽、姜末搅匀，加入蛋清和香油搅匀，盖好入味 30 分钟。韭菜切碎，杏鲍菇切丁，加油和盐调味搅匀。

❹ 面团揉匀搓成长条，切成 12 克一个的面剂子，擀成椭圆形。

❺ 面皮放馅对边捏上，边捏边压一压，两边可不封口。

❻ 锅中抹薄油，生坯摆好小火煎约 1 分钟。

❼ 见锅贴底部定型，倒入面粉水，冒泡时盖好锅盖，小火煎制约 6 分钟。

❽ 煎至水分收干，打开锅盖再煎约 2 分钟即可。

茄子
烫面饺

"茄子烫面饺"是我们家经常吃的一道面食。烫面面皮的口感吃起来软糯、微甜、筋道；配上用花椒水养制的肉馅，近似灌汤包，但又不像灌汤包那么油腻。另外，茄子皮中含有丰富的维生素 E 和维生素 P，但很多孩子并不喜欢茄子皮的口感，如果将其包进饺子，问题就迎刃而解了。

面皮用料：

普通面粉 350 克　　黄豆酱油 15 克

开水约 230 克　　　味极鲜酱油 15 克

馅用料：　　　　　葱末 20 克

猪肉馅 180 克　　　姜末 18 克

茄子 400 克　　　　香油 15 克

泡发香菇 80 克　　　花生油 15 克

花椒水 50 克　　　　盐 5 克

外婆小·叮嘱

❶ 面团软硬度要适中。茄子要用嫩一点的，老茄子应去皮。

❷ 花椒水需要提前一天浸泡，花椒与水的比例约为 10 克花椒用 100 克水。

做法：

❶ 香菇洗净去蒂焯水，茄子洗净去蒂，备好面粉和肉馅。

❷ 肉馅加花椒水、酱油搅匀，入味 1 小时后加葱姜末、香油搅匀。

❸ 茄子切丝剁碎略挤水，香菇剁碎与肉馅混合，加入油、盐搅匀。

❹ 面粉倒入盆里，绕圈边倒开水边搅成松散的絮状。

❺ 待稍凉后揉成光滑的面团。

❻ 面团分成两块，分别搓成长条，切成 30克一个的面剂子。

❼ 面剂擀成中间略厚边缘略薄的面皮，放馅。

❽ 将面皮对折，从两头往中间集中黏合。

❾ 蒸笼内铺好略湿的笼布，间隔摆好饺子。开水上锅，中火烧至冒气，蒸 15 分钟即可。

菠菜
素水饺

外孙对根茎类的蔬菜比较感兴趣，如土豆、胡萝卜、莲藕、莴笋等，只要烹制方法得当，他都爱吃。但对绿叶蔬菜如菠菜却不是太感兴趣。为了不让外孙偏食，我会变换烹饪方式，就用菠菜包水饺，做蒸包或馅饼。外孙经常是吃了嚷着还要吃。

面皮用料：
普通面粉 350 克
清水适量
馅用料：
菠菜 750 克
鸡蛋 2 个
鲜香菇 50 克

泡发木耳 50 克
姜末、胡椒粉少许
盐适量
蚝油 10 克
花生油 25 克（炒鸡蛋用）
香油 5 克

外婆小·叮嘱

① 菠菜焯水要快，见变色立马捞出放入凉水盆，以免菠菜变黑和过于软烂。

② 辅料不要多于主料，否则影响口感。

做法：

① 木耳、香菇焯水洗净，菠菜择洗干净控水，备好鸡蛋面粉。

② 面粉试着加水揉成面团，盖好备用。

③ 锅烧热加油，加蛋液炒成碎絮状。

④ 菠菜焯水，见变色捞出放入凉水中浸凉，捞出略攥水。

⑤ 菠菜、木耳、香菇分别剁碎，姜剁细末，加入鸡蛋。

⑥ 加香油、胡椒粉、蚝油、盐调味，搅匀。

⑦ 面团移至面板上再次揉匀。

⑧ 面团搓成长条，切成均匀的小剂子，擀成边缘略薄中间略厚的面皮，放馅手法随意。

⑨ 水开后下水饺，见水饺全部鼓肚浮起，稍煮即可捞出。

胡萝卜
素水饺

小外孙上学了，学校离家较远，这早饭就成了问题。我想，平时包点水饺冷冻在冰箱里，作为应急食物还是不错的。"胡萝卜素水饺"是外孙平时最爱吃的一种水饺，这次用小油菜榨汁和面，红红的馅料配上绿色的外衣，外孙特别爱吃。

面皮用料：
普通面粉 250 克
油菜 250 克取汁
约 145 克

馅用料：
◎主料
胡萝卜 200 克
豆腐 80 克
鲜香菇 3 个

◎调料
鸡蛋清 1 个
蚝油 5 克
姜末 10 克
胡椒粉 1 克
盐 5 克
香菜 15 克
花生油 10 克
香油 15 克

外婆小·叮嘱

❶ 蒸好的胡萝卜丝应是软嫩适口，注意不要蒸得过度。

❷ 胡萝卜馅容易发干发散，馅剁好后不要挤水。调个碗汁拌在馅里，湿度和黏度都刚刚好。

做法：

❶ 油菜清洗干净，备好面粉。

❷ 油菜用榨汁机取汁。

❸ 分次将菜汁倒入面盆中。

❹ 先搅成絮状，再揉成光滑的面团，盖好备用。

❺ 胡萝卜、香菜、香菇洗净，香菇焯水，备好豆腐。

❻ 胡萝卜擦丝，与豆腐一起上锅蒸 3 分钟。

❼ 胡萝卜剁碎，豆腐和香菇切成碎末。用全部调料调个碗汁搅匀。

❽ 倒入碗汁搅拌均匀。

❾ 面团揉匀搓成长条，切成均匀的小剂子。

❿ 剂子压扁擀成面皮包馅，手法随意。

芹菜猪肉
水饺

外孙从刚加辅食的时候就喜欢芹菜独有的清香味，从那以后，芹菜汁便成了我制作辅食的一款调味料，鱼泥、肉泥中稍加几滴就可去腥，汤、菜、面条加一点可增加香气、促进食欲。这种特殊的清香味儿一直伴随着外孙的成长。

面皮用料：

普通面粉 400 克

清水适量

馅用料：

猪肉馅 200 克

香芹 350 克

泡发木耳 40 克

花椒水 40 克

黄豆酱油 20 克

生抽 15 克

葱末 20 克

姜末 20 克

香油 15 克

花生油 15 克

盐适量

做法：

❶ 芹菜、木耳洗净，备好花椒水、肉馅和面粉。

❷ 面粉放入盆里，试着加水揉成面团，盖好备用。

❸ 肉馅加入花椒水搅匀、加酱油搅匀，入味1小时后加葱姜末、香油搅匀。

❹ 木耳焯水剁碎，芹菜剁碎，与肉馅混合。

❺ 加入花生油、盐调味，搅匀。

❻ 面团揉匀搓成长条，切成均匀的小剂子。

❼ 剂子擀成边缘略薄中间略厚的面皮，放馅手法随意。水烧开下水饺，见全部浮起加一勺凉水烧开，重复一次即可捞出。

外婆小·叮嘱

❶ 芹菜最好选择嫩一些的。

❷ 水饺下锅后，要用勺背沿锅边慢慢推动，以免粘锅。

豆腐馄饨

"豆腐馄饨"是一道家传美食，起初是跟我婆婆学的。她习惯加一点海米，吃起来有淡淡的海鲜味儿。外孙爱吃香菇，所以我在做"豆腐馄饨"时，换了外孙喜爱的味道鲜美的香菇。加上香菜的芳香和胡椒粉的香辣味儿，馄饨的汤汁喝起来酸咸适口，总能让小家伙欲罢不能。

主料：
馄饨皮 300 克
北豆腐 280 克
香菇 60 克

香菜 30 克（一半用在汤汁）

汤汁用料：
生抽 8 克
米醋 5 克
胡椒粉微量
香油几滴
香菜少许
开水 230 克

调料：
细姜末 15 克
蚝油 10 克
盐 3 克
蛋清 1 个
香油 15 克

外婆小·叮嘱

❶ 豆腐要用质感较硬的北豆腐，易成形。

❷ 加一点泡发海米会更出味。

❸ 姜末要剁得细一点，口感微辣才好。

做法：

❶ 香菇、香菜洗净，备好馄饨皮和豆腐。

❷ 豆腐用刀壁面碾压成泥。

❸ 香菇、香菜切成碎末。

❹ 豆腐泥中加入蛋清拌匀。

❺ 加入香菇、香菜、姜末、盐、香油拌匀。

❻ 馅放在馄饨皮的中间偏下。

❼ 从下往上折叠，盖住馅料。

❽ 再从上往下折叠。

❾ 将靠近馅的左右两个角靠拢。

❿ 用筷子沾一点水抹在其中一角并折叠粘在一起。锅里加水烧开，取一碗加入汤汁配料，舀开水冲汤汁料。水开下馄饨，见馄饨全部浮起，用笊篱舀到汤汁里，撒上香菜即可。

鸡汤鲜虾
馄饨

深色蔬菜应占每天摄入蔬菜量的一半，这是《中国居民膳食指南》推荐的食用量。把绿叶菜包在饺子里、盖在菜饼里、撒在汤里都是让孩子爱上绿叶蔬菜的好办法。但最重要的却是让孩子从小养成爱吃绿叶菜的好习惯。

做法：

❶ 鸡腿骨洗净放入汤锅内，加姜和足够的水，烧开撇去血沫，小火熬 30 分钟。

❷ 面粉中加盐，试着加水揉成面团，盖好饧 20 分钟。

❸ 虾剥皮去背部沙线后剁成粗粒，与肉馅混合，加生抽、蚝油、葱姜末、胡椒粉、盐搅匀。

❹ 加蛋清、香油搅至上劲。

❺ 面团分两份，分别擀成薄面皮。

❻ 切成宽度一样的长条摞起来，再切成长方形。

❼ 馅放在面皮下端，卷起再卷起，将左右两个角叠加在一起捏紧。

❽ 熬好的鸡汤过滤，加洗净的蘑菇、胡椒粉、盐调味煮 5 分钟，加入洗净切段的菠菜关火。盛入碗中凉着，馄饨煮好捞入碗中即可。

面皮用料：
普通面粉 200 克
清水约 95 克
盐 1 克
玉米淀粉适量（用作手粉）

馅用料：
鲜虾仁 120 克
猪肉馅 110 克
生抽 25 克
蚝油 10 克
葱姜细末各 10 克

黑胡椒粉少许
盐 2 克
鸡蛋清 1 个
香油 15 克

菠菜蘑菇鸡汤用料：
鸡腿骨 6 根
姜片 3 片
菠菜 200 克
蟹味菇 100 克
盐适量
胡椒粉少许

外婆小·叮嘱

❶ 面粉中加一点盐，可使馄饨皮更有韧劲。

❷ 擀时撒一点玉米淀粉，可使面皮之间不粘连，但不可太多，否则不好捏口。

❸ 平时做菜剩的鸡腿骨可冷冻保存，积攒多了可做鸡汤。

芝麻
葱油饼

外孙自从吃"小饭桌"以来,爱上了葱油饼。外面卖的油饼里外都是油,我让油饼外层无油,只加了一层芝麻;里层用少量油,多加点香葱,就能帮着起层。在擀饼时轻擀,不要把里层压得太紧。这样做出来的葱油饼一样层次分明、香而不腻,外孙很满意!

主料:

普通面粉 200 克
开水 100 克
冷水 50 克

调料:

盐 4 克

花椒粉 2 克
花生油 20 克
香葱 40 克
芝麻适量
蛋液少许

外婆小·叮嘱

1 卷好的面皮不可擀得太薄,否则层与层之间容易粘连。

2 当饼快熟时,用铲子轻拍可助起层。

做法:

① 香葱择洗干净控水,备好面粉。

② 面粉放入盆中,绕圈倒入开水迅速搅成絮状。

③ 试着加冷水,揉成面团盖好,饧 20 分钟。

④ 面团揉匀分成两块,分别擀成略薄的长方条,撒盐抹匀,撒花椒粉抹匀,淋油抹匀,撒香葱。

⑤ 一边向后抻着一边叠卷。

⑥ 叠卷成长方形,两头无须捏边。

⑦ 擀成略圆的饼状,刷蛋液,撒芝麻。

⑧ 芝麻面朝下放入饼铛,再刷蛋液撒芝麻,盖好开启烙饼模式。

⑨ 烙至两面微黄即可。

鸡丝麻汁
凉面

"鸡丝麻汁凉面"讲究的是色、香、味，入口的感觉是凉爽的，接下来是浓郁的芝麻香和滑嫩的鸡丝鲜味，吃起来格外过瘾！就如民谣所说："麻汁面，麻汁面，不吃不吃两碗半！"

主料：
干面条 3 把
鸡肉 100 克
黄瓜 2 根
鸡蛋 2 个
调料：
大蒜 1 头

香椿芽咸菜 25 克
胡萝卜咸菜 25 克
芝麻酱 35 克
米醋适量
腌鸡丝用料：
蒸鱼豉油 8 克
淀粉少许

外婆小·叮嘱

❶ 不喜欢蒜味的，可加一点青辣椒碎。

❷ 调味料和配菜要处理得精细一些，这样吃来口感会更好。

❸ 面条不要煮得太烂，否则口感不好。

做法：

❶ 将黄瓜、鸡蛋、胡萝卜、香椿、蒜、鸡肉洗净，备好芝麻酱和醋。

❷ 鸡肉切细丝。

❸ 鸡丝放碗中加豉油抓匀，加淀粉抓匀入味。

❹ 锅里加水烧开停火，加入鸡丝用筷子划开。再次开火，待肉丝浮起捞出，放入凉开水中过凉。

❺ 捞出控水备用。

❻ 鸡蛋放入碗中搅匀，蛋液中加湿淀粉搅匀。锅烧至微热倒入蛋液，端起锅慢慢转动，使蛋液均匀铺在锅底，见两面微黄出锅。

❼ 麻酱加水搅至稠稀适度，蒜捣成泥，黄瓜去皮切丝，蛋皮切丝，胡萝卜和香椿分别剁成细末。

❽ 锅中加水烧开，下面条煮至熟透。面条捞入凉开水中，过凉三遍，盛入盘中加调料及配菜拌匀即可。

PART 2

热菜总动员

热菜最家常，让孩子爱吃，要经常变换花样。本着低盐低油低糖、清淡饮食的原则，让孩子吃得健康。

木樨肉

"木樨肉"以猪肉、鸡蛋、木耳等混炒而成，因鸡蛋色黄而碎，类似木樨花而得名。据说原出现于曲阜孔府菜单中，其原料除猪肉和鸡蛋、木耳外，还包括玉兰片。我做"木樨肉"更喜欢加青蒜苗和白菜心，香味更浓郁，营养也比较全面。色美味香的家乡菜"木樨肉"，小外孙吃得有滋有味！

外婆小·叮嘱

❶ 这里的木樨是指炒出的鸡蛋像黄色的桂花，因此，在炒鸡蛋时，注意不要炒老，嫩絮状即可。

❷ 搅拌鸡蛋时，稍加一点清水，可使炒出的鸡蛋更鲜嫩松软。

主料：

猪里脊肉 100 克	姜丝 8 克
鸡蛋 2 个	甜面酱 15 克
白菜心 130 克	味达美酱油 15 克
青蒜苗 70 克	白糖微量
水发木耳 40 克	米醋微量

调料： **腌肉用料：**

花生油 35 克	料酒 10 克
花椒 8 粒	盐微量
葱丝 10 克	淀粉 3 克
	油几滴

做法：

❶ 将肉、白菜、蒜苗、鸡蛋洗净，木耳洗净焯水。

❷ 鸡蛋打散，肉、白菜、木耳及葱姜切丝，蒜苗切段。

❸ 肉丝加料酒、盐抓匀，加淀粉抓匀，加一点油抓匀，腌制片刻。

❹ 锅烧热倒油，油六成热加蛋液，边倒边顺时针搅拌，炒成嫩絮状盛出。

❺ 锅刷干净烧热加油，油热加花椒炒出香味捞出，加葱姜丝略炒。

❻ 加肉丝炒至变色，加甜酱、酱油、醋、糖煸炒。

❼ 加白菜丝炒至略出水，有点干可加少许开水。

❽ 加蒜苗、木耳略炒。

❾ 加鸡蛋翻炒几下即可。

醋熘
土豆丝

"醋熘土豆丝"是很多小朋友喜爱的一道小炒，因其口味咸中带酸、酸中带脆、脆中又略带软绵香滑，在"醋熘系"中一直享有百吃不厌的美誉。我们家里吃得最多的是"醋熘土豆丝卷饼"，薄薄的蒸饼卷上酸溜溜、脆生生的土豆丝，小外孙特别爱这一口。

主料：
土豆 2 个（350 克）
胡萝卜 20 克
调料：
花生油 25 克
葱丝 10 克
米醋 10 克
盐 3 克

外婆小·叮嘱

❶ 不要选择发芽和黑绿色的土豆，这种土豆含有一种叫作龙葵碱的毒素，它是一种生物碱，有溶血和刺激黏膜的作用。

❷ 要掌握好火候，想吃脆嫩的大火翻炒，想吃软面的中火翻炒。

做法：

❶ 土豆、胡萝卜洗净，葱切成细丝备用。

❷ 土豆和胡萝卜去皮。

❸ 土豆先切成薄片，再切成细丝。

❹ 胡萝卜切成细丝，土豆丝淘洗两遍后控水。

❺ 锅烧热加油，加葱丝炒出香味。

❻ 加土豆丝、胡萝卜丝煸炒。

❼ 大火炒约 2 分钟左右，如果干可适当加水再次翻炒，见土豆丝变软加盐翻炒，最后加醋炒匀即可。

胡萝卜
炒豆腐

咕咚爱吃胡萝卜，很小的时候他一直认为自己吃的胡萝卜都是小白兔送的，如果早餐里有胡萝卜，他第一句话就会问："姥姥，胡萝卜是小白兔送来的吗？"咕咚爱吃菜，不知与姥姥的美丽童话有没有关系，反正一说是小白兔送来的菜，他吃得就格外香。

做法：

❶ 豆腐冲洗干净，胡萝卜洗净去皮。

❷ 豆腐捣碎，胡萝卜擦丝。

❸ 水烧开，放入胡萝卜丝，焯至七成熟。

❹ 锅烧热倒入油，油热加入豆腐炒至微黄。

❺ 加入胡萝卜丝翻炒，加入蚝油、生抽，翻炒调味即可。

主料：

胡萝卜 150 克

豆腐 80 克

调料：

植物油 20 克

生抽 10 克

蚝油 6 克

　　　　外婆小·叮嘱

❶ 需要用质感稍微硬一点的北豆腐。

❷ 如果用的是铁锅，需先烧热再加油，
　不然豆腐容易粘锅。

儿童版
宫保鸡丁

记得有一次在酒店吃饭，其中要了一份色泽红亮诱人的宫保鸡丁，外孙就迫不及待地尝了一口，结果辣得再也不敢去夹第二口。回家后，我就改良了"宫保鸡丁"，其中的花生换成了外孙喜欢的腰果仁，加了鲜虾和爽口清凉的脆黄瓜，辣椒只加了一点。整个菜肴吃起来口味咸香酸甜，很受外孙喜欢。

主料：

鸡胸肉 190 克

鲜虾仁 100 克

黄瓜 100 克

腰果仁适量

调料：

植物油 25 克

蒜瓣 1 个

洋葱 40 克

小米椒 1 个

鸡肉腌料：

料酒 6 克

生抽 6 克

胡椒粉微量

淀粉 3 克

植物油几滴

虾仁腌料：

料酒 5 克

盐微量

淀粉 2 克

调味汁用料：

米醋 10 克

白糖 10 克

生抽 20 克

盐微量

淀粉 2 克

外婆小·叮嘱

❶ 鸡丁炒至变色再加入虾仁，时间不宜太长，否则会变老。

❷ 腰果应停火后加入，才能确保酥脆。

做法：

❶ 鸡肉、虾、黄瓜清洗干净，备好腰果。

❷ 将虾剪开背部抽去虾线，剥出虾仁剪成两块，鸡肉切丁，黄瓜去皮切丁，洋葱、辣椒切丁，蒜切碎末。

❸ 鸡肉加料酒、生抽、胡椒粉抓匀，加淀粉抓匀，加一点油抓匀。虾仁加料酒、盐抓匀，加淀粉抓匀备用。

❹ 腰果凉油入锅，用微火炒至金黄。

❺ 锅里再加一点油，加入鸡丁炒至变色，加虾仁炒至变色。

❻ 加蒜末、辣椒、洋葱炒出香味。

❼ 加黄瓜煸炒几下。

❽ 倒入调味汁翻炒均匀，停火加腰果拌匀即可。

卷心菜
木耳炒鸡蛋

外孙上学后，精力和体力都要付出很多，因而饮食均衡很重要。卷心菜富含的维生素 A、钙和磷，能促进骨质发育，有益于儿童生长发育；富含的维生素 C、维生素 E 和胡萝卜素，比番茄含量还要高三倍。我一般切卷心菜丝与鸡蛋和木耳一起炒，用时少，营养流失也少。小外孙一口粥一口菜，吃得很享受。

主料：
卷心菜 280 克
水发木耳 50 克
鸡蛋 2 个
调料：
植物油 25 克
蒜瓣 1 个
蚝油 10 克
盐 3 克

外婆小·叮嘱

❶ 鸡蛋不要炒老，嫩嫩的絮状最好。
❷ 卷心菜炒至八成熟，脆嫩更爽口。

做法：

❶ 卷心菜去老叶，一劈两半去蒂，木耳和鸡蛋洗净。
❷ 将每一片菜叶冲洗干净。
❸ 菜切成丝，木耳焯水撕成小朵，鸡蛋打散。
❹ 锅烧热倒油，油热加蒜片煸出香味，倒蛋液炒成絮状盛出来。
❺ 无须加油，放入卷心菜和木耳。
❻ 煸炒至卷心菜变软，倒入蚝油、盐煸炒。
❼ 放入炒好的鸡蛋翻炒均匀即可。

芹菜
炒肉丝

芹菜含有挥发性的芳香油，外孙特别喜欢这种味道。用瘦肉炒的"芹菜炒肉丝"是外孙点击率很高的一道快手小炒。

外婆小·叮嘱

❶ 芹菜无须焯水，直接炒更脆嫩。

❷ 甜面酱、生抽含盐分，不用再加盐。

主料：
芹菜 280 克
猪里脊肉 100 克
调料：
花生油 25 克
葱丝 8 克
姜丝 6 克

甜面酱 10 克
生抽 15 克
腌肉用料：
料酒 10 克
盐微量
淀粉 3 克
油几滴

做法：

❶ 芹菜去叶去根清洗干净，里脊肉洗净。

❷ 肉切细丝，加料酒、盐抓匀，加淀粉抓匀，再加几滴油抓匀静置片刻，芹菜切小段。

❸ 锅烧热加入油，加葱姜丝炒出香味。

❹ 加肉丝滑散后炒至变色，加甜面酱、生抽煸炒，如干可加一点水，炒至肉丝熟透。

❺ 加入芹菜。

❻ 大火翻炒至变色即可。

豉油
炒菜花

有一种表面松散的菜花，人们习惯叫它有机菜花，其实，它的学名叫松花菜，与普通菜花相比口感更胜一筹。焯水后的松花菜花茎部分会变得更绿。如掌握好火候，菜品翠绿养眼，还略带一点儿甜味，非常爽口！"豉油炒菜花"，单一的菜花，借蒸鱼豉油调味，淡淡的豉香，会让孩子吃出不同的感觉。

主料：
有机菜花350克
调料：
花生油25克
蒜2瓣
蒸鱼豉油15克
盐2克

外婆小·叮嘱

喜欢脆口的快炒，喜欢软口的加少许水多炒一会，喜欢辣口的加点干红辣椒。

做法：
① 菜花用刷子在流动的水下面反复刷洗干净。
② 去掉菜花的硬根茎部分，顺花茎用刀劈切成小块。
③ 菜花再清洗两遍，放入滚开的水里焯一下，见变色立马捞出。
④ 锅烧热倒油，加蒜片煸出香味，倒入菜花煸炒至略见软，加豉油煸炒均匀，加盐炒匀即可。

小鸡
炖蘑菇

"小鸡炖蘑菇"用干香菇，香菇不但味美，而且含有大量对儿童有益的营养物质。特别是与鸡肉搭配，不仅营养加倍，炖出来的味道更是芳香醇厚。外孙总说："姥姥，这种蘑菇好吃！"

主料：

三黄鸡 1 只（920 克）

干香菇 50 克

干粉皮 80 克

调料：

葱 2 段

姜 1 块

蒜 4 瓣

料酒 30 克

生抽 30 克

老抽 5 克

冰糖 10 克

盐适量

花生油 25 克

水适量

小茴香 5 克

大料 3 个

外婆小·叮嘱

❶ 干香菇用温水浸泡更易吸水变软，又能保留其特有的香味。

❷ 新鲜的鸡不用焯水，用清水泡去血水，肉质更鲜美。

❸ 要一次性加足水，中途加水会影响口感。

做法：

❶ 将鸡去头、尾、内脏、脚趾后剁成小块，香菇洗净浸泡 1 小时，粉皮浸泡 30 分钟，备好香料包。

❷ 鸡块用清水浸泡 30 分钟，倒掉血水冲洗干净。

❸ 过滤泡香菇的水，用于煮鸡。

❹ 锅烧热倒油，加葱、蒜炒出香味，加鸡块炒至微黄，加料酒、生抽、老抽、冰糖翻炒上色。

❺ 加香菇水、清水（没过鸡块），加入姜（拍扁）、调料包，大火烧开转小火炖约 25 分钟。

❻ 加粉皮继续炖 10 分钟，至粉皮变软入味即可。

浇汁蘑菇
青红椒

蘑菇是外孙的大爱，"浇汁蘑菇青红椒"是一道快手菜，做法极其简单。此菜浇汁不见汁，味全都裹在了食材上，超乎想象地鲜香！

外婆小·叮嘱

❶ 蘑菇洗净后水要控净，不可焯水，否则影响鲜味。
❷ 蟹味菇洗干净后要攥一下水。

主料：
蟹味菇 150 克
杏鲍菇 150 克
青椒 80 克
红椒 80 克
调料：
盐微量
碗汁用料：
味极鲜酱油 20 克
白糖 3 克
湿淀粉少许

做法：
❶ 蟹味菇、杏鲍菇、青椒、红椒择洗干净，备好调味汁。
❷ 青红椒切成条，杏鲍菇用手撕成条。
❸ 锅烧热，油热加入蟹味菇和杏鲍菇，煸炒至略黄，撒微量盐略炒。
❹ 倒入青红椒略炒，倒入碗汁炒匀即可出锅。

萝卜土豆
炖排骨

冬天应多给孩子吃萝卜。"冬日萝卜赛人参"，萝卜不仅含有丰富的维生素C和多种微量元素，还含有芥子油等有益成分，常食有助消化、防感冒等。一锅炖排骨，一般再调个凉菜就是一顿饭，简单又有营养。

主料：

猪肋排 560 克	甜面酱 20 克
白萝卜 200 克	生抽 25 克
土豆 200 克	料酒适量
胡萝卜 150 克	草果 1 个
调料：	葱 3 段
植物油 25 克	姜 6 片
冰糖 10 克	盐少许

做法：

① 排骨、土豆及两种萝卜清洗干净。

② 排骨凉水下锅，加入料酒焯水撇去血沫。土豆和两种萝卜去皮切滚刀块。

③ 锅烧热倒入油，小火将冰糖融化。

④ 倒入排骨煸炒至微黄。

⑤ 加入甜酱、生抽煸炒。

⑥ 倒入电压力锅加开水，水量刚没过排骨，加入葱、姜、草果。

⑦ 将电压力锅盖好，开启煮肉模式。

⑧ 加盐调味，先加入两种萝卜。开启收汁模式，煮开后再加入土豆煮至熟透即可。

外婆小·叮嘱

① 电压力锅如没有中途开盖或收汁模式的，可用其他锅收汁。

② 压力锅不吃水，食材不要加太多。如单做红烧排骨水要低于排骨，如加煮料需要与排骨持平或刚没过排骨。

番茄黄瓜
炒鸡蛋

"番茄黄瓜炒鸡蛋"是一款老少皆宜广受欢迎的家常菜。我习惯在"番茄炒鸡蛋"里加入黄瓜、木耳或青椒、豆腐等原料，这样会使营养、色泽、口感更丰富。搭配米饭或馒头、米粥等主食，是外孙不变的美味。

主料：
番茄 400 克
黄瓜 120 克
水发木耳适量
鸡蛋 2 个
调料：
植物油 30 克
葱花 12 克
番茄酱 20 克
生抽 10 克
盐 3 克
白糖 2 克
香菜少许

外婆小·叮嘱

1 炒好的鸡蛋盛出后，无须再加油，利用沾在锅上的油就足够了。因为炒鸡蛋里浸满了油，当与番茄汤混合时，油就会自然渗透进菜里面。

2 鸡蛋不要炒成硬块，呈嫩嫩的松散絮状口感才好。

做法：

1 黄瓜、番茄、香菜、鸡蛋洗净，木耳洗净焯水。

2 番茄入开水烫一下去皮切小块，黄瓜去皮切片，木耳撕成小朵。

3 锅烧热倒油，油热加葱花炒香。

4 鸡蛋里加 20 克水搅匀，倒入锅中炒成松散的絮状，滤油盛到盘子里。

5 无须再加油，直接加入番茄、木耳煸炒至软塌。

6 加入黄瓜略翻炒。

7 倒入炒好的鸡蛋、香菜略翻炒即可。

酸辣汤

外孙喜欢胡椒粉的味，所以在他吃的很多汤菜里，我会适量加一点。白胡椒粉的药用价值较大，具有散寒、健胃等功效，可增进食欲、助消化、促发汗。特别是在寒冷的冬天或孩子受凉时，在汤菜里适当放一点儿还是有好处的。

主料：
泡发香菇 35 克
冬笋 35 克
泡发木耳 35 克
豆腐 45 克
小鸡蛋 2 个
开水 1000 毫升
调料：
花生油 15 克
大料 1 粒

姜末 20 克
生抽 20 克
盐 2 克
白糖 1 克
胡椒粉适量
淀粉 30 克
白醋 30 克
香菜少许
香油几滴

外婆小·叮嘱

❶ 如果讲究味道，一定要按顺序加食材和调料。
❷ 淋蛋液时，要一边淋一边用勺子推开，让蛋液形成絮状。

做法：
❶ 香菇、木耳泡发后洗净焯水，冬笋、香菜、姜洗净，豆腐、鸡蛋备好。
❷ 香菇、木耳、冬笋切丝，豆腐切薄片，香菜和姜切末，鸡蛋打散备用。
❸ 锅烧热加油，加大料炒出香味，加冬笋、香菇、姜末煸炒。
❹ 加开水烧开，加木耳、豆腐烧开。
❺ 开始调味：加生抽、盐、白糖、胡椒粉烧开，水淀粉勾芡。
❻ 淋鸡蛋液，加白醋搅匀。滴上香油，撒香菜即可。

蘑菇豆腐
肉丸汤

"蘑菇豆腐肉丸汤"是一道快捷汤菜。不需要炝锅，利用蘑菇、豆腐以及姜汁和胡椒的自然鲜味调制。弹牙的肉丸，香滑的蛋皮，加上脆嫩的香菜，使整个汤菜吃起来鲜香爽口。用来配馒头、拌米饭都可以。

外婆小·叮嘱

❶ 汤里也可加适量绿叶菜或黄瓜片，使其营养更丰富。
❷ 不喜欢白汤的也可加一点生抽，味道也很好。

主料：
鸡肉丸 10 个
蟹味菇 100 克
豆腐 50 克
水适量
调料：
姜汁 8 克
胡椒粉 0.5 克
盐少许
淀粉适量
香菜 5 克
香油几滴

做法：
❶ 香菜择洗干净，备好蛋皮、豆腐和肉丸。
❷ 蟹味菇焯水，豆腐切薄片，香菜切末。
❸ 锅里加水，加肉丸、蘑菇、盐煮 2 分钟左右。
❹ 淀粉加一点水调匀后勾芡，开锅加进香菜和蛋皮搅拌均匀即可。

清蒸鲳鱼

要想蒸鱼好吃，前提是确保鱼的新鲜、鱼的处理方法得当、所用调味料合理以及蒸鱼的火候到位。鲳鱼的蛋白质、脂肪和微量元素都很丰富，而且肉质非常细嫩，也没有小刺。因此，我经常用清蒸的方法做给外孙吃。

主料：
鲳鱼 400 克
调料：
大葱 50 克
姜 20 克
花椒少许

花生油 25 克
碗汁用料：
蒸鱼豉油 25 克
生抽 15 克
开水 10 克

外婆小·叮嘱

❶ 鱼一定要新鲜，重量应控制在 400 克至 600 克，火候掌握在 5 至 10 分钟。

❷ 蒸鱼时，放葱段将鱼架空，有利于锅内热气循环让鱼身受热均匀。

做法：

❶ 将鱼的腮、牙齿、肚内黑膜清理干净。备好碗汁及葱段、葱丝、姜片、花椒。

❷ 鱼的两面划上花刀更易入味。

❸ 大葱 2 段，间隔垫在盘子里，铺几片姜。

❹ 鱼肚里塞上姜片，身上盖葱姜丝。锅里加水，烧开后上鱼盘，盖好大火蒸（从冒气算起）8 分钟。

❺ 将鱼盘内的水倒掉，鱼身撒上葱丝，倒入碗汁。另起锅倒油，油热加花椒炸出香味捞出，油趁热浇在葱丝上，点缀红绿辣椒及葱丝即可。

干煎带鱼

在海洋鱼类中，带鱼肉质细腻，且无细小骨刺，尤其适合孩子食用。带鱼的DHA 和 EPA 含量高于淡水鱼。DHA 是大脑所需的营养物质，对提高记忆力和思考能力十分重要。午饭，外孙见到桌上金灿灿的煎带鱼，小手不停地剥着鱼刺，一口馒头，一口鱼肉，边吃边说："好吃，好吃！不错，不错！"

外婆小·叮嘱

鱼沾上面粉后，一定要抖掉多余的面粉，
否则面厚了影响口感。

主料：　　　　　蒸鱼豉油 15 克
带鱼 500 克　　　盐适量
面粉适量　　　　花椒粉 2 克
调料：　　　　　葱丝 40 克
花生油适量　　　姜丝 40 克
腌鱼用料：　　　蒜片 30 克
料酒 20

做法：

① 将带鱼去头、去鳍、去尾、去内脏，冲洗干净剪成约 8 公分的段。

② 用刀在鱼的两面隔 1 厘米左右划一刀。

③ 鱼放入盘中，加入料酒、蒸鱼豉油、盐、花椒粉拌匀。

④ 加入葱丝、姜丝、蒜片拌匀腌制 1 小时。

⑤ 带鱼两面沾上一层薄面粉。

⑥ 预热电饼铛倒油，油热放鱼，接着将鱼翻面，使鱼的上面也沾上油。

⑦ 选择"鱼虾"模式，煎至两面金黄。

炸萝卜素
丸子

很少给外孙做油炸食物，要吃也是偶尔解解嘴馋而已。油炸食物，我一般都安排在午饭吃，晚饭以清淡为主。

主料：
青萝卜 630 克
普通面粉 140 克
调料：
姜 20 克
盐 6 克
植物油适量

外婆小·叮嘱

❶ 无需太多的调料，可适量加一点花椒粉或胡椒粉调味。

❷ 面粉不要加太多，刚好能捏成团就行。

❸ 应小火炸制，否则会造成外煳里生。

做法：
❶ 将萝卜、姜洗净，备好面粉。
❷ 用擦子将萝卜擦成略粗的丝。
❸ 剁成略粗的碎末，如萝卜含水分太多，可适当攥水。
❹ 将面粉、姜末和盐与萝卜碎混合。
❺ 用手抓匀。
❻ 锅里加油，中火将油烧至六成热转中小火。一手抓糊从虎口挤出，一手用小勺接住丸子下入油中。边下丸子，边用长筷子将丸子拨开以免粘连，小火慢炸至表面微黄即可。

炸香椿芽

香椿被称为"树上蔬菜"。用香椿的嫩芽可做出风味独特的菜肴。每年的谷雨前，我会买上两捆新鲜香椿芽：一捆用来腌香椿，主要是为夏天喝凉面调味；另一捆分成三份，一份冷冻，一份做蛋饼或凉拌豆腐，一份用来炸香椿。香椿芽的季节性很强，过了谷雨就会慢慢变老。品尝香椿的时间实在太短，所以要变着花样尝春鲜。

主料：
香椿芽 250 克
面粉 200 克
调料：
花生油适量
面粉糊用料：
啤酒 200 克
清水 150 克
盐适量

外婆小·叮嘱

1. 不要加鸡蛋，不然酥脆的口感会降低。而啤酒则是口感酥脆的关键。
2. 盐不要加在香椿里，一定要加在面糊里。

做法：

1. 香椿洗净控水，备好面粉。
2. 洗好的香椿，摊开晾去表面水分。
3. 面粉放进盆里，备好啤酒和清水。
4. 把啤酒倒进面盆，边搅边试着加水，调到面糊比粥略稀。
5. 香椿逐根裹上面糊。
6. 锅里倒油，油温约七成热时放入香椿，炸至金黄色即可。

烤蔬菜
鸡肉串

昨天，我正准备做午饭，咕咚突然跑进厨房提出："姥姥，我很想吃肉串！给我做好吗？"我便忙着泡竹签、剔鸡腿、切肉腌制……在小外孙的协助下，美味的午饭很快就做好了。肉串是用新买的功能齐全的电饼铛烤的，味道一点儿也不差。

主料：
鸡腿一个
青椒 40 克
红椒 40 克
调料：
橄榄油 20 克
孜然粉适量

腌肉用料：
料酒 10 克
盐少许
蒸鱼豉油 15 克
洋葱 40 克
姜丝 20 克
胡椒粉适量
淀粉少许

外婆小·叮嘱

❶ 竹签要提前泡水 20 分钟以上，以免烤时发黑变形。

❷ 串肉时，竹签尖的一头一定要朝下，以免扎嘴。

❸ 鸡肉切得不要太大，否则不易熟透。

❹ 肉里加淀粉，口感会更加鲜嫩。

做法：

❶ 鸡腿、青椒、红椒、洋葱清洗干净，备好竹签。

❷ 竹签用凉水浸泡。

❸ 将鸡腿肉剔下来，去皮去筋。

❹ 鸡肉切成长片状。

❺ 青椒、红椒和洋葱切成小方块。

❻ 鸡肉放入碗中，加入料酒、盐、蒸鱼豉油、胡椒粉抓匀，加姜丝、洋葱抓匀，加淀粉抓匀，腌制 20 分钟。

❼ 用竹签将鸡肉、洋葱、青红椒串起来。

❽ 电饼铛预热（上面），刷油摆上肉串。加热过程中要不断翻转，烤至微黄，撒上孜然粉即可。

鸡肉丸子

我习惯把各种新鲜的肉类料理成小肉丸，因为做好的肉丸可冷冻，食用起来很方便，尤其适合用来应急。

用肉丸能做出很多让外孙喜欢的美味，如蘑菇鸡肉丸汤、番茄鸡肉丸、比萨、烧串等。自己感觉这款肉丸的口感还是蛮好的，捏起来有弹性，举起丢在菜板上能弹起，吃起来有嚼头，我叫它"会跳舞的小肉丸"。

主料：
鸡胸肉 320 克

调料：
盐 5 克
鸡蛋清 1 个（30 克）
白胡椒粉 0.5 克
植物油 5 克

淀粉 8 克
葱姜花椒水用料：
葱 15 克
姜 15 克
花椒 3 克
开水 50 克

外婆小·叮嘱

❶ 摔打肉泥可增加鸡肉丸的弹性，这一步骤最好不要省略。

❷ 葱姜花椒水要分次加入，因为鸡肉的含水量不同。

❸ 做好的肉丸过凉水会使肉质更紧实。

做法：

❶ 鸡肉、鸡蛋、葱姜清洗干净。

❷ 葱姜剁碎加花椒用开水浸泡，盖好至凉透。

❸ 鸡肉切成小丁状。

❹ 用料理机分次搅成泥状。

❺ 加入盐、油、蛋清，分次加入葱、姜、花椒水，顺时针搅拌均匀。

❻ 加入淀粉继续搅至均匀。

❼ 一手端盆，一手刮起肉泥连续摔打 30 次以上至出现胶质状。

❽ 锅里加足水，水烧开关火，一手抓起肉泥从虎口挤出鹌鹑蛋大小的丸子，一手用小勺刮起放入水中。丸子全部下锅后再次开火，煮至肉丸全部浮起。

❾ 捞入冷水中放凉，捞出控水，留出三天以内吃的，其余可按每次食用量装袋，冷冻保存。

烤羊肉串

外孙爱吃肉串，我一般都是在家里做给他吃。有时带他出去逛街，他见到烤串时只是说："姥姥，我也喜欢吃肉串。"但他从不要求我给他买。

外孙吃饭的时候，有时会穿插给他讲一些食品安全的事。时间长了，他耳濡目染，有时还会模仿我的口气和样子："这个含维生素多，要多吃点……这里面含铅，不能吃……"小样子非常可爱！

过去曾用烤箱烤肉串，其实用电饼铛烤制更方便操作，只要羊肉新鲜，调味料用得合适，掌握好火候，一样能做出孩子们喜欢的味道。

做法：
❶ 竹签提前用凉水浸泡。
❷ 羊肉切成长片状，洋葱切成小方块。
❸ 羊肉放入碗中，加牛奶充分抓匀，再加洋葱、姜丝、花椒粉、盐抓匀，腌制 30 分钟以上。
❹ 用竹签将羊肉、洋葱串起来。
❺ 提前预热电饼铛，选"鸡翅"模式，刷入一层植物油，摆上肉串，不要加盖。加热过程中要不断转动肉串，使其烤得均匀，烤熟后撒上孜然粉即可。

主料：　　　　　　花椒粉 1 克
羊肉 180 克　　　姜丝 20 克
洋葱 40 克　　　　盐 3 克
调料：　　　　　　孜然粉 1 克
原味牛奶 25 克　　植物油适量

外婆小·叮嘱

❶ 加入适量牛奶可起到锁住水分和使口感更鲜嫩的作用。
❷ 用高温快烤，低温长时间容易烤老。
❸ 竹签尖的一头一定要朝下，以免扎嘴。

炸藕合

莲藕的吃法很多，可炒，可炖，可煎炸，可凉拌，还可用作馅料等。其中炸藕合也是人们喜爱的一种吃法。自己做的"炸藕合"家里人都爱吃，与外卖的相比不同之处有三点：一是用油新鲜；二是用适量啤酒调面糊，挂上薄薄一层，吃起来更酥脆；三是把莲藕的两头切下来剁碎拌在馅里，口感清香不腻。油炸食物需控制食量，外孙一次只能吃 1—2 块藕合，虽有不过瘾之感，可也解馋了。

做法：

❶ 将莲藕、葱姜洗净，备好猪肉馅。

❷ 肉馅放入盆中加入酱油、花椒粉搅匀。

❸ 葱、姜剁成末放入肉馅，淋上香油搅匀。

❹ 莲藕去皮，将两头切下来剁碎。

❺ 将莲藕碎放入肉馅，加入盐、油搅匀。

❻ 盆里加入面粉、淀粉、啤酒，试着加清水调成稠稀适度的面糊，稍饧片刻备用。

❼ 莲藕切片，第一刀不要切到底，第二刀切下形成藕夹。

❽ 用筷子将肉馅塞进藕夹里。

❾ 夹住藕合蘸上一层面糊。

❿ 锅里倒油，中火将油烧至六成热放入藕盒，转小火炸至两面金黄捞出控油。

主料：
莲藕 500 克
猪肉馅 250 克

面糊用料：
面粉 130 克
淀粉 20 克
啤酒 130 克
清水 130 克

腌肉馅用料：
黄豆酱油 25 克
花椒粉适量
葱 30 克
姜 25 克
香油 10 克
莲藕碎 50 克
盐 3 克
花生油 10 克

外婆小·叮嘱

❶ 油炸食物多吃有损健康，要控制食量。

❷ 面糊里加半罐啤酒可起到蓬松酥脆的作用，面糊不要太稠。

❸ 花椒粉最好用自己炒过磨成粉的。

❹ 油温不可太高，否则会导致外煳里生。

烩窝头

"烩窝头"体现了粗粮细做的特点，虽然是吃剩的窝头，可表面有一层白面，葱花的香味加上白菜的清香，有一种特殊的味道。这味道似乎别有一番风味！家里每每有吃剩的窝头、馒头、烧饼、锅饼等，我都会用这种做法解决。

外婆小·叮嘱

❶ 面糊不要调得太稀，不然裹不到窝头丁上。

❷ 面糊里加一点花椒粉和盐，口感会更好。

主料：
四合面窝头 2 个（180 克）
白菜 200 克
蟹味菇 60 克
面粉 130 克
清水 2000 毫升

调料：
花椒粉少许（加入面糊）
盐 5 克（其中 2 克加入面糊）
花生油 15 克
葱花 10 克
黄豆酱油 15 克
姜末 5 克
胡椒粉少许

做法：

❶ 将白菜、蘑菇洗净，备好窝头、面粉。

❷ 窝头切丁，白菜切丝。

❸ 面粉加入一点花椒粉和盐拌匀，加水调成略稠的面糊。

❹ 加入窝头丁翻拌，使其均匀裹上面糊。

❺ 热锅凉油，加入葱花炒出香味。

❻ 加入白菜和蘑菇煸炒至软塌。加入水烧开，用筷子将窝头均匀地拨到锅里，边拨边用勺子沿锅边推散，略煮，加入姜末、胡椒粉、盐调味即可。

米粉蒸肉

肉类采用蒸制的烹饪方式，可减少油脂的摄入量，确保成品原汁原味，营养成分不会流失太多。肉最好选肥瘦相间的，这种肉蒸出来，吃到嘴里不柴不腻，肉质软烂。刚出锅的粉蒸肉，满屋都弥漫着米、肉及调料融合在一起的浓郁香味。入口软糯咸香，非常解馋。

主料：

带皮五花肉 260 克
大米 80 克
糯米 40 克

老抽几滴
料酒 20 克
白糖少许
葱姜水 60 克

腌肉用料：

味达美酱油 50 克
甜面酱 30 克

花椒 30 粒
八角 2 个
桂皮 1 块

外婆小·叮嘱

1 蒸肉碗要用略浅一点的，这样用时少熟得快。
2 喜欢辣味的，可将少许干红辣椒炒在米粉里。
3 葱姜水一是为调味，二是为调整湿度，所以葱姜水要泡得浓一点，量要多一点。

做法：

1 肉洗净，葱姜切丝加适量水浸泡，备好大米、糯米等。
2 锅烧至微热，加入糯米、花椒、八角、桂皮，小火炒至发黄，倒出晾凉。
3 挑拣出八角和桂皮，花椒和米用研磨机磨成粗粉状。
4 肉切成大薄片。
5 肉片放入碗中，加入料酒、酱油、老抽、甜面酱、白糖、炒米挑拣出来的八角和桂皮，试着加葱姜水调整湿度，抓匀腌制约 1 小时，中间翻一次使其均匀入味。
6 将所有腌料挑拣出来，加入米粉拌匀，使每片肉都裹上粉。取碗抹一点油，肉皮朝下依次码好，肉片之间不要太紧。锅里加足够的水，碗放入笼内盖好，大火烧开转中小火蒸 60 分钟，取出扣入盘中即可。

PART 3

凉菜别小瞧

　　蔬菜凉拌着吃能最大限度地保留其营养成分，在给孩子制作凉菜时应注意：一是确保食材新鲜。放置时间过长的蔬菜除了会损失营养成分，也会丧失脆嫩的口感。二是确保餐具干净。制作凉菜用的器皿、案板、菜刀等需要经常用开水烫洗或暴晒，避免滋生细菌。

凉拌菠菜

"凉拌菠菜"是非常健康的一款凉菜。菠菜中所含的胡萝卜素在人体内可转变成维生素 A，能维护正常视力和上皮细胞的健康，促进儿童生长发育。秋天，天气干燥，应尽量换着花样给孩子吃些菠菜。

主料：
菠菜 500 克
鸡蛋饼皮 1 个
干绿豆粉丝 30 克
胡萝卜 30 克

调料：
米醋 30 克
白糖少许
鲜姜汁 15 克
生抽 15 克
香油 10 克

外婆小·叮嘱

❶ 调味汁可根据喜好，加入蒜泥、辣椒油、芥末等，味道会更浓郁。
❷ 菠菜焯水要快。
❸ 料汁一定要在吃的时候淋上，确保菜品的色泽和口感。

做法：

❶ 菠菜择洗干净，胡萝卜洗净去皮，木耳泡发后洗净焯水，备好粉丝和蛋皮。
❷ 菠菜放进开水锅里快速焯一下。
❸ 焯水后的菠菜放进凉水里过凉。
❹ 菠菜略攥水切成小段，胡萝卜、木耳和蛋皮切丝，粉丝煮熟过凉横竖切两刀。
❺ 将米醋、姜汁、生抽、糖、香油调成汁。
❻ 将菠菜、粉丝、胡萝卜丝、蛋皮和木耳放在盘子里，吃时淋上料汁，拌匀即可。

姜末
糖醋藕

莲藕是一种很美味的食物，生食熟食均可。生着吃凉血散瘀、清热润肺；熟着吃益胃健脾、补益气血。"姜末糖醋藕"是我经常做的一款凉拌菜，由于味道酸甜可口，家里人都爱吃，特别是小外孙，吃起来咯吱咯吱，很是过瘾。

主料：
莲藕 300 克
调料：
细姜末 15 克
绵白糖 20 克
米醋 20 克
生抽 20 克
香油 10 克

外婆小·叮嘱

① 藕焯水时加入一点盐，可避免藕变黑。
② 藕焯水要快，见变色立马捞入凉水中，可确保口感脆爽。

做法：
① 莲藕、姜洗净去皮。
② 姜剁成细末，莲藕切成圆薄片。
③ 锅里加入清水，加入一点盐烧开，加入切好的莲藕焯水，见莲藕变色立马捞出。
④ 放入备好的直饮水或凉开水中过凉。
⑤ 捞出控水，用姜末、糖、醋、生抽调成碗汁，吃时淋在莲藕上即可。

香椿
拌豆腐

香椿含香椿素等挥发性芳香族有机物，可健脾开胃，增加食欲。香椿与豆腐搭配，能提供丰富的大豆蛋白、钙和胡萝卜素等营养成分。色泽白绿相间，口感清香软嫩。

外婆小·叮嘱

❶ 香椿芽焯水时，变色即可捞出，以免影响色泽。

❷ 香椿芽要剁得细碎一点，要先加盐和香油拌匀后再放豆腐，不然香椿不易粘在豆腐上。

做法：

❶ 香椿芽、豆腐分别清洗干净。

❷ 豆腐焯水晾凉，香椿芽焯至变色捞出控水。

❸ 豆腐切成菱形小块，香椿芽剁成细末后加入盐和香油调味。

❹ 豆腐与香椿芽混合拌匀即可。

主料：

嫩香椿芽 40 克

豆腐 200 克

调料：

盐少许

香油 10 克

圣诞树
沙拉

童趣造型的美味是外孙的最爱，每每看到都会让他心花怒放。今年的圣诞节，送外孙一份特别的礼物——树沙拉，一棵好看、好吃、营养丰富的"圣诞树"。

外婆小·叮嘱

❶ 西兰花焯水时，加入一点盐，可使颜色更好看。

❷ 圣诞树上的装饰可随意。

主料：
西兰花 170 克
土豆 190 克
甜玉米粒 40 克
调料：
柠檬汁 5 克
沙拉酱 20 克
胡椒粉少许

盐 1 克
橄榄油 5 克
装饰：
胡萝卜片 2 片
白玉菇 4 粒
草莓 1 个
奶酪片半片

做法：

❶ 将西兰花、柠檬洗净，土豆洗净去皮，玉米粒、胡萝卜片和蘑菇焯水，备好装饰物。

❷ 土豆切厚片蒸熟，用刀一侧碾成泥。

❸ 西兰花用刀尖切成小朵，放进盆里再次冲洗。根部一切两半，留出一小块做树的根。

❹ 土豆泥里加入玉米粒、盐、沙拉酱、胡椒粉、柠檬汁搅匀。西兰花和树根焯水捞出浸凉，西兰花略攥水，加入橄榄油拌匀。

❺ 树根放入白盘下方，树根上面用土豆泥造个树形。

❻ 奶酪片用模具做各种挂件，胡萝卜和蘑菇用刀做成挂件。用西兰花在土豆泥上摆出树的形状，再随意摆上挂件。

家常酥锅

济南人把做酥锅称为"打酥锅"，以食材酥烂为主要特征。一般要放白菜、莲藕、海带、冻豆腐、肉骨头、鸡、鱼、花生等。在晚上把砂锅放在煤炉上，旺火烧开 10 分钟后，封上炉子微火焖上一夜。第二天清晨，淋上香油，就大功告成了。我做的酥锅材料简单：主要是海带、莲藕、花生、白菜和肉骨头。做酥锅是想让外孙多吃点海带。海带不仅碘元素含量丰富，钙元素也很高，对孩子的骨骼发育也有帮助。

外婆小·叮嘱

❶ 锅底铺的竹垫，也可用白菜叶替代。

❷ 海带不要卷得太紧，否则不易进滋味。

❸ 出锅时，剔除骨头，依次摆放在无水的盆里，剩余的汤浇在上面，冷却后盖好入冰箱冷藏保存。

主料：

水发海带 1000 克（干海带约 180 克）

莲藕 500 克

花生 200 克

大白菜 600 克

带肉猪肘子骨 1 根（950 克）

调料：

料包（花椒 5 克、桂皮 6 克、大料 6 克）

葱、姜丝各 80 克

白砂糖 100 克

糯米香醋 180 克

黄豆酱油 100 克

生抽 80 克

白酒 30 克

花生油 30 克

香油 20 克

清水 150 克

做法：

❶ 海带浸泡一天，反复清洗后卷成卷，藕洗净去皮切小段，花生去红衣。

❷ 白菜洗净控水，肘子骨焯透洗净。

❸ 香料用纱布包好，葱姜切粗丝，备好糖、醋、酱油、白酒、油和水。

❹ 锅烧至微热倒入油，放葱姜丝略翻炒。

❺ 加入酱油、糖、醋、白酒、水搅匀，大火烧至半开后停火。

❻ 高压锅底铺竹垫，摆上骨头、料包。

❼ 摆上海带，淋上几勺调味汤。

❽ 摆上莲藕、花生，淋上几勺调味汤。

❾ 铺上白菜，淋上剩下的调味汤。盖好锅盖，大火烧至呲汽，转小火煮 30 分钟，等限压阀自然下落，开盖加入香油，盖好锅盖烧至呲汽后接着关火，焖 3 小时即可。

酱肘花

主料：
猪前肘 1 个（1500 克）

调料：
葱 3 段
姜 6 片
红枣 6 个
豆腐乳 2 块
腐乳汁 30 克
老抽 40 克
生抽 60 克
白酒 30 克
冰糖 25 克
盐适量
草果 1 个（拍开）
八角 3 个
桂皮 1 块
香叶 3 片
小茴香 80 粒

做法：

① 肘子清洗干净，备好调料。

② 肘子凉水下锅焯水，加料酒去腥撇去血沫。

③ 另起锅加水，加入所有香料、红枣、葱、姜、冰糖，倒入搅匀的腐乳和腐乳汁、老抽、生抽、白酒，大火烧开，煮约 3 分钟。

④ 肘子放入电压力锅，倒入卤汁（与肉持平）。

⑤ 盖好盖子，启动炖肉模式。

⑥ 模式结束，加入盐调味，再启动收汁模式，汤收至稍稠。最后在汤里浸泡 3 小时至入味（中间翻一次）。

⑦ 猪肘取出，剔出骨头。

⑧ 可卷两个卷，下面铺好纱布，皮朝下。

⑨ 卷紧并用棉绳扎紧，入冰箱冷藏 4 小时即可切片装盘。

外婆小·叮嘱

① 水要一次加足，中途不要加水。

② 在卷肘花时，可将少许卤汁淋在肉上，会使成品味道更浓。不喜欢肥肉的可剔出来。

③ 不喜欢卷成卷的，可放凉后装盒，直接放入冰箱冷却，切片食用。也可将汁收得浓一些，直接热食。

花生
肉皮冻

猪皮中含有大量的胶原蛋白，猪皮加上花生或黄豆制作的菜肴，不仅韧性强，口感好，而且对孩子的肌肤和筋骨都有很好的保健作用。

煮好的肉皮和花生，待完全晾凉后，入冰箱冷藏凝固成皮冻。吃时切片或块，入口很爽滑，而肉皮软糯又不失韧劲，还有脆香的花生米，小外孙吃起来总难停口。

做法：

① 猪皮洗净后切宽条，花生用水浸泡2小时。

② 肉皮放入锅里加凉水烧开，煮5分钟捞出控水。

③ 趁热刮去多余的肥肉。

④ 切粗条，花生剥去红衣。

⑤ 放入高压锅，加料包、葱、姜、酱油、生抽、白酒、倒入清水。

⑥ 扣好锅盖，大火烧至呲汽，转小火煮10分钟。

⑦ 待限压阀自然下落，开盖放入花生，不盖锅盖。烧开中火煮5分钟拣出葱、姜和料包，转小火慢收汁，见汤汁浓稠时关火。

⑧ 倒入盘中，冷却后盖上保鲜膜，入冰箱冷藏一夜。

外婆小·叮嘱

① 水不要加太多，否则难以结冻。

② 焯好的猪皮，要趁热刮油、切丝，凉了很难切。

主料：
猪肉皮500克
花生120克
调料：
葱段50克
姜片6片
黄豆酱油60克

生抽30克
白酒30克
料包（花椒2克、
八角4克、小茴
香2克）
清水1000毫升

腌香椿芽

外孙6岁之前我从不给他吃腌制品，因为经常摄取高盐食品易诱发高血压，腌制食品中也含有致癌物质亚硝酸盐。但随着孩子年龄的增长，一点儿都不让吃是不现实的。所以我制作的"腌香椿芽"多用来调味，如凉拌豆腐、夏天喝的凉面、香椿薄饼等，可替代盐来食用。外孙长大后，不可能天天吃我做的饭，但帮助他从小养成健康的饮食习惯却非常重要。

做法：

1 香椿芽洗净控水。

2 放在盖垫或菜板上摊开晾干。

3 在无水、无油的盖盆里撒上一层盐，取少量香椿摆匀并压紧，再撒上一层盐。

4 取香椿摆匀并压紧。

5 撒上一层盐。

6 取香椿摆匀并压紧。

7 撒上一层盐。

8 盖上盖子入冰箱冷藏腌制。5—6天后取出翻一翻并压紧，最后一次撒上一层盐，入冰箱冷藏室继续腌制，20天后就可以食用了。

外婆小·叮嘱

1 最好选择嫩香椿芽，因为香椿发芽初期的硝酸盐含量较低。

2 香椿腌制之后，亚硝酸盐的含量会迅猛上升，在3—4天的时候达到高峰，含量远远超过许可标准，19天后才开始下降，因此，一定要腌制20天后再食用。

3 香椿不要搓，否则容易掉叶。

主料：
香椿芽450克
调料：
盐适量

什锦花生

"什锦花生"是一款营养丰富、清凉爽口的佐餐小凉菜。

喜欢小菜五颜六色的食材搭配，经常食用有益孩子健康：花生有助强健脾胃，提高机体免疫力；黄豆含有孩子生长发育所需的多种营养成分；莲藕具有清热凉血、润肺止咳的功效；芹菜的钙磷含量高，可强壮骨骼，预防小儿软骨病；木耳含铁量高，可防治缺铁性贫血等；胡萝卜素有"小人参"之称。

小菜的做法很简单，如果食材新鲜，吃法卫生，存放得当，做一次能吃好几天。用来应急也是不错的——煮点面条，就点小菜，吃得同样舒服健康。

主料：
花生仁 150 克
黄豆 100 克
莲藕 200 克
芹菜 150 克
胡萝卜 150 克
黑木耳 15 克

调料：
八角 2 个
白酒 15 克
盐适量
姜 30 克
香油 15 克

外婆小·叮嘱

❶ 可根据自己喜好调味，加点醋、生抽、辣椒油等，味道会更丰富。

❷ 加一点白酒，可延长小菜保存时间。

做法：

❶ 花生仁、黄豆用水泡约 8 小时，木耳用水泡开洗净。

❷ 芹菜择洗干净，莲藕、胡萝卜洗净去皮，花生剥去红衣。

❸ 锅里加水放入八角，花生、黄豆，分别煮熟后捞出晾凉。

❹ 莲藕、芹菜、木耳切成小菱形，胡萝卜切片用模具刻出花样，木耳焯水切成小菱形。

❺ 花生、黄豆混合，加入盐、白酒、姜片、八角拌匀，盖好入味 1 小时。

❻ 剩余的菜与花生、黄豆混合，加入盐、香油拌匀即可。

小兔的
春天

三餐里，如果时间比较充裕，我会充分利用身边的各色食材，做上一款哄外孙开心的富含美味与情趣的菜。

外孙偏爱小兔子，又是春暖花开的季节。

凭简单的想象，做了"小兔子的春天"。其实是一款凉拌菜，用上好的芝麻酱精心调成汁，铺在白色的盘子上，插上小蘑菇，撒上用胡萝卜和洋葱做的小花，用小番茄和鹌鹑蛋做了几只红白小兔。画面基本出来了：春暖花开，小兔子们纷纷跑出家门，跑到草地上，有的在嬉戏，有的在呢喃，有的在觅食……无不洋溢着春的气息。

外孙见到："哇，好可爱呀！……"吃到最后，小兔子一只也没有舍得吃掉。

用意不全在吃，若能让外孙感觉到仅仅一个吃当中，就有那么多富有诗意的生活情趣，足矣。

主料：
樱桃番茄8个
鹌鹑蛋8个
苦菊60克
白玉菇25克
胡萝卜少许
洋葱少许

调料：
芝麻酱30克
生抽15克
米醋10克
白糖10克
香油10克
凉开水8克
胡椒粉少许

外婆小·叮嘱

❶ 苦菊可用生菜替代，但要切成丝。
❷ 调麻汁时，水的用量应根据麻汁的浓稠度调节。
❸ 不喜欢麻汁的，可用沙拉酱代替。

做法：

❶ 鹌鹑蛋煮熟剥皮，番茄洗净，蘑菇和胡萝卜洗净焯水，胡萝卜和洋葱用模具刻几朵小花，备好芝麻酱。
❷ 将番茄纵切下一小块，再在小块一头切出两只耳朵。
❸ 大块切面朝下，在三分之一处斜刀切小口，不要切断，把耳朵插在斜面切口里。小白兔做法与其相同。
❹ 芝麻酱里加入生抽、米醋、白糖、香油搅拌均匀。加凉开水调成流动的麻汁，再加胡椒粉调匀即可。
❺ 麻汁倒进盘子里。
❻ 上面放上苦菊，根据想象摆上其他原料。

PART 4

爱上早餐有办法

　　孩子不好好吃早餐是一个普遍现象，但早餐是一天中最重要的一餐。一成不变的早餐不但会让孩子生厌，还会造成营养不均衡。

黑加仑
玉米发糕

黑加仑葡萄干中钙的含量很高，且易吸收，对于少年儿童和中老年人是一种补钙的理想食品。用其掺在玉米面和面粉里蒸成发糕，配上萝卜疙瘩汤、西红柿疙瘩汤、丝瓜疙瘩汤等，孩子很喜欢。

主料：
普通面粉 200 克
玉米面 100 克
黑加仑葡萄干 80 克
干酵母 4 克（70 克温水）
清水适量

 外婆小·叮嘱

❶ 面团要和软一些，不要过度揉，否则发糕口感不够松软。

❷ 葡萄干不要浸泡得涨起来，用温水泡软即可。

做法：

❶ 备好面粉、玉米面、葡萄干。

❷ 葡萄干去蒂、洗净后用温水泡软。

❸ 用温水将酵母和糖充分溶解，面粉与玉米面混合。

❹ 酵母水倒入盆里搅匀，和成软软的面团，加入葡萄干。

❺ 将葡萄干揉进面团里。

❻ 笼屉上铺好略湿的纱布，面团直接放进去盖好，进行发酵。

❼ 面团发至原面团两倍大，凉水上锅中火烧开，继续用中火蒸 25 分钟。

蛋夹馍

外孙的早餐多以素食为主，所以，借鉴肉夹馍的做法，把卤肉换成青红椒或韭菜、芹菜、香椿炒鸡蛋。白吉馍也采用了简易的做法，面粉里没有加入盐、油、碱之类的调味，因为少油少盐更符合现代的健康生活理念。其实，只用酵母发面，馍的质感、味道并没有受到影响。

白吉馍（简易版）
用料：
普通面粉 250 克
酵母粉 3 克（70
克温水溶解）
清水约 170 克
青椒炒鸡蛋用料：
◎主料

鸡蛋 3 个
青椒 1 个
红椒半个
◎调料
胡椒粉少许
盐 4 克
植物油 25 克

外婆小·叮嘱

❶ 面团要偏软，用微火烙，色泽微黄最适口。

❷ 蛋菜不要炒老，嫩絮状为佳。

做法：
❶ 青红椒、鸡蛋洗净，备好面粉。
❷ 酵母用温水溶化，倒入面盆搅匀，试着加水和成表面光滑的面团，盖好放至温暖处发酵至原面团的两倍大。
❸ 发好的面移至面板上，反复揉匀后分成约 60克一个的面剂子。
❹ 将面剂子搓成长条。
❺ 盘成圆形，将小尾巴藏在面团底部。
❻ 全部擀成圆饼状。
❼ 平锅烧至微热，放入生坯，用微火烙至两面微黄。
❽ 鸡蛋磕入碗中打撒，青红椒剁碎放入蛋液中，加入盐和胡椒粉搅匀。
❾ 锅烧热倒入油，油热倒入蛋液，翻炒成嫩絮状即可。

茴香苗
菜饼

大馅薄皮的"茴香苗菜饼"，特点是少油，通常用来做早餐。一般是晚上把茴香苗洗净，面和好，盖好放入冰箱冷藏室。第二天早上，先熬上粥，凉拌个小菜，再从冰箱取出备好的菜饼原料，用电饼铛烙制。简单营养的早餐，外孙从不挑食。

面皮用料：   鸡蛋 3 个
普通面粉 170 克   姜末 15 克
清水 100 克   盐 5 克
馅用料：   植物油 15 克
茴香苗 300 克

外婆小·叮嘱

❶ 拌菜馅时，最后加盐，以防出水。
❷ 饼的边缘要按窄窄的小边，宽边易发硬，影响口感。

做法：

❶ 茴香苗择洗干净控水，备好鸡蛋、姜和面粉。
❷ 面粉放入盆中，试着加水揉成表面光滑的面团。
❸ 茴香苗切碎，加入姜末、油拌匀，加入盐拌匀。
❹ 面团分成 6 个面剂子，一个约 45 克。
❺ 擀成薄皮，放在盖垫上，接着擀好第二个。
❻ 均匀地摊上茴香苗，鸡蛋打散，绕圈淋在菜上。
❼ 盖上第二个饼，沿饼边按紧，最后将饼边松动一下，以免粘连。
❽ 一手端着盖垫，一手按着菜饼顺势平放在饼铛里，启动烙饼模式。
❾ 烙至两面微黄即可。

西兰花
蘑菇小菜饼

早餐给孩子吃什么？如果正在为此事犯愁，那就试试这款"西兰花蘑菇小菜饼"吧。味道清爽可口，外焦里嫩，特别招小外孙喜爱。蘸着番茄沙司，吃起来别有一番风味！

做法：

1. 备好白玉菇和西兰花。
2. 西兰花去根洗净，切小块焯水，白玉菇剪根洗净，备好面粉。
3. 分别剁成不规则的小块（不要太碎）。
4. 将西兰花和白玉菇合在一起放入盆中，加盐、胡椒粉拌匀。
5. 加入面粉拌匀。
6. 根据湿度适当加水调匀。
7. 预热电饼铛，倒油抹匀，用小勺舀起面糊摊好整形。
8. 合上饼铛开启自主加热模式，约7分钟见微黄翻面，关掉上加热盘，煎至两面微黄。

主料：	调料：
西兰花 120 克	胡椒粉少许
白玉菇 80 克	盐少许
普通面粉 60 克	清水适量

外婆小·叮嘱

1. 西兰花洗净后一定要焯水，可有效去除残留的农药。
2. 面粉不宜加太多，否则口感发黏。
3. 煎的时间不要过长，否则成品色泽、营养和口感都会大打折扣。

西葫芦
鲍菇蛋饼

西葫芦含水分多，做出来的饼质感较软，可我们家小外孙偏好有嚼劲的食物，所以，我在制作时，在原料里适当加些质感较硬的食材，如蘑菇。蘑菇虽不是肉，却有肉感。很多时候，不能怪孩子吃饭没有食欲，是因为我们没有考虑到孩子对食物的口感需求。只要善观察、多用心，没有吃饭不好的孩子。

主料：
西葫芦 250 克
杏鲍菇 60 克
鸡蛋 1 个
面粉 80 克
调料：
自制花椒粉少许
盐适量

外婆小·叮嘱

❶ 可以撒上芝麻，补钙又增香。
❷ 腌西葫芦丝时会出些水，所以不需要再加水。

做法：

❶ 西葫芦、杏鲍菇洗净，鸡蛋、面粉备好。
❷ 西葫芦和杏鲍菇切丝。
❸ 加入盐拌匀，腌至西葫芦丝稍出水。
❹ 加入面粉、鸡蛋搅拌均匀，呈糊状。
❺ 平锅烧至微热加入油，舀面糊用铲子摊平。
❻ 小火烙至两面微黄即可。

洋芋擦擦

看《舌尖上的中国》讲用土豆做的"洋芋擦擦"是孩子们的最爱，这是山里人发明的美味，一位妈妈给她的两个孩子做洋芋擦擦，做好后两个孩子各自端着碗一口接一口吃得好香！我心想，第二天外孙的早餐有了。

黄灿灿的"洋芋擦擦"一上桌，外孙就盯上了，问："姥姥，这是什么菜？超级好吃！"从那天起，"洋芋擦擦"便成了外孙早餐餐桌上常见的美味佳肴了。

主料：
土豆（洋芋）350 克
面粉 30 克
调料：
小香葱 25 克
胡椒粉少许
盐 2 克
植物油适量

外婆小·叮嘱

土豆丝切好后，立马加入盐拌匀，可避免土豆氧化变黑。

做法：
❶ 土豆洗净，小葱择洗干净。
❷ 香葱切成小碎粒，土豆去皮擦成丝，先加入盐拌匀。
❸ 加入小葱、胡椒粉、面粉。
❹ 用筷子拌匀。
❺ 锅烧热，倒入少许油关火，用筷子将土豆夹到锅里，整成略薄的小圆饼，开小火煎制。
❻ 煎至两面金黄即可。

槐花饼

春末夏初，是槐花盛开的季节。当你走在近郊的村落山野里，随处可见一串串洁白的槐花缀满枝杈，散发出淡淡的扑鼻的芳香。槐花不仅有很好的观赏价值，药用和食用价值一样很高。中医认为："槐花味苦，性平，无毒，具有清热、凉血、止血、降压的功效。"用新鲜槐花做的蒸包、蒸菜、烙饼、饺子等都非常美味。我用槐花做得最多的是"槐花饼"，做法简单有新意，菜多面少口感好。作为孩子的早餐，健康又美味！

主料：
槐花 150 克
面粉 80 克
调料：
盐少许
植物油适量

外婆小·叮嘱

洗干净的槐花，不要把水控得太干净，因为还要裹上干面粉。

做法：

❶ 面粉、槐花备好。

❷ 将槐花清洗干净，捞出稍微控水。

❸ 加盐略拌，加面粉。

❹ 用筷子拌匀，使每一粒槐花均匀地沾上面粉，如感觉太干，可再洒一点水。

❺ 用手做成小圆饼形状。

❻ 平锅烧至微热，加油放入小饼，小火煎至两面微黄即可。

番茄玉米面
疙瘩汤

有时，我带着外孙去游乐园玩，常常玩着玩着就错过了吃饭时间，外孙就嚷着："姥姥，我太饿了！"然后自己到处找吃的。这时候，我多半是做一碗饭菜合一的疙瘩汤，以解燃眉之急。不用搭配主食，只喝一碗这样的疙瘩汤就能美餐一顿。

外婆小·叮嘱

❶ 炒西红柿时，加一点盐，会使汁水很快溢出。

❷ 面疙瘩不可太大，呈絮状小疙瘩最好。

❸ 一边转圈淋蛋液，一边用勺子慢慢推动，这样蛋花不易成坨。

主料：
面粉 100 克
玉米面 20 克
番茄 500 克
蟹味菇 100 克
鸡蛋 2 个
清水适量

调料：
葱末 5 克
姜末 8 克
香菜少许
胡椒粉少许
植物油 15 克

做法：

❶ 番茄、蘑菇、香菜、姜、鸡蛋清洗干净，备好面粉和玉米面。

❷ 番茄、蘑菇切小块，姜剁细末，香菜切碎，鸡蛋打散。

❸ 面粉和玉米面中加少量水，用筷子搅成沾有干粉的絮状，再用手碾捏成絮状的小疙瘩。

❹ 锅烧热加油，油热加葱末炒香，加番茄翻炒至汁水溢出番茄软烂。

❺ 加姜末、蘑菇翻炒。

❻ 加入水，开锅后，将面疙瘩一点一点撒进锅里，一边撒，一边用勺子沿锅边慢慢推，以免疙瘩粘连。疙瘩熟透后淋蛋液，待蛋液浮起，调入盐、胡椒粉和香菜即可。

百合山药
八宝粥

秋冬季易发咳嗽，百合润肺止咳；山药健脾和胃，可增强机体免疫力。加上几种杂粮，再加上几种干果，熬制成"百合山药八宝粥"，可谓营养与美味兼得。

原料：　　　　　绿豆 25 克
鲜百合 50 克　　红枣 8 颗
淮山药 70 克　　栗子 6 个
大米 40 克　　　清水约 1350 毫升
小米 30 克　　　调料：
红小豆 25 克　　黑加仑葡萄干适量

外婆小·叮嘱

1. 鲜百合可用葡萄干或蔓越莓调味。用干百合要加少许冰糖调味。
2. 山药剁碎，会使粥的质感更黏稠顺滑。

做法：

1. 栗子去皮，百合、山药、红枣、葡萄干清洗干净，备好红豆、绿豆、大米、小米。
2. 百合掰散，山药剁成碎粒，红豆、绿豆、大米、小米淘洗干净。
3. 电压力锅里加水，开启煮粥模式。

香菇燕麦
鸡肉粥

记得外孙两岁多时在一家洋快餐店喝过一款粥："香菇鸡肉粥"。回来后，小家伙问我："姥姥，你会做有'香菇鸡肉'的粥吗？"于是我拽上一贯排斥洋餐的咕咚姥爷专门去了洋快餐店，仔细品尝了粥的味道。回来后，感觉快餐店里的"香菇鸡肉粥"有三点对孩子健康不利：一是过"鲜"，粥里也许加了味精。二是太"腻"，粥里的油略多。三是过"咸"，会增加儿童成年后患高血压的风险。于是我改进了这款粥的制作方法。

主料：
大米 100 克
燕麦 40 克
鲜香菇 3 小朵
鸡脯肉 50 克
生菜 30 克
清水 1500 毫升

调料：
橄榄油 10 克
胡椒粉微量
盐少许

腌肉用料：
盐微量
鲜姜汁 5 克
淀粉 2 克

做法：
1. 将大米、燕麦淘洗干净，香菇去蒂焯水，鸡肉、生菜洗净。
2. 大米、燕麦放入电压力锅，加入足够的水，开启煮粥模式。
3. 鸡肉切成小片，加入盐、姜汁抓匀，再加淀粉抓匀。香菇切薄片，生菜切小块。
4. 锅烧热加油，油微热加鸡肉煸炒至变色，加香菇略炒出锅。
5. 从粥里舀出一次用量的粥，倒进小锅里，加入炒好的香菇鸡肉，加入胡椒粉和盐调味搅匀，开锅后加入生菜拌匀即可。

外婆小·叮嘱

粥的量是三人份的，可取一份做鸡肉粥。
如果家人都喝，香菇、鸡肉、生菜的量
适当增加即可。

牛肉香菇
意面

外孙爱吃面条，尤其对各种形状的意大利面情有独钟，隔一段时间不吃就会提要求。我做的意大利面，并不是在西餐厅吃的纯意大利肉酱面，面里融入了不少中国元素，也融入了外孙对食材的偏好。瞧外孙的吃相，就知道这面条有多好吃了！

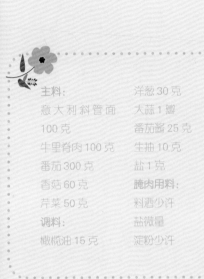

主料：

意大利斜管面 100 克

牛里脊肉 100 克

番茄 300 克

香菇 60 克

芹菜 50 克

洋葱 30 克

大蒜 1 瓣

番茄酱 25 克

生抽 10 克

盐 1 克

腌肉用料：

料酒少许

盐微量

淀粉少许

调料：

橄榄油 15 克

外婆小·叮嘱

❶ 牛肉剁得不要太细，略有嚼头才好。

❷ 面煮好后，捞出用凉开水冲一下，以免粘连。

做法：

❶ 将牛肉、番茄、香菇、芹菜、洋葱、大蒜洗净，备好意面。

❷ 牛肉剁碎，番茄、香菇、芹菜、洋葱切成小丁，蒜切成碎末。

❸ 牛肉加入盐、料酒抓匀，加淀粉抓匀，腌制 15 分钟。

❹ 锅烧热倒油，油热加蒜和洋葱煸炒，加牛肉煸炒至变色。加生抽、番茄酱煸炒。

❺ 加入香菇煸炒。

❻ 加入番茄丁煸炒。

❼ 煸炒至汤汁浓稠，加入芹菜略炒即可。

❽ 水烧开下入意面，转中小火煮 8 分钟左右，中间搅拌几次。

鸡肉
菠萝饭

菠萝不仅能当水果吃，还可以用来做各种美味料理。上周给外孙做了一款洋溢着热带风情的"鸡肉菠萝饭"。菠萝的香气与鸡肉、香菇、青椒、米饭搭配，清新解腻，小家伙吃得非常过瘾。

主料：
菠萝半个
米饭 200 克
鸡肉 60 克
菠萝肉 50 克
香菇 20 克
胡萝卜 20 克
青椒 20 克

调料：
橄榄油 15 克
洋葱 20 克
蚝油 8 克
盐 1 克
腌肉用料：
料酒 6 克
盐微量
淀粉少许

外婆小·叮嘱

❶ 鸡肉丁滑水时，要掌握好水温和时间，确保鸡肉鲜嫩爽滑。

❷ 菠萝最好选择略甜一点的。

做法：

❶ 备好菠萝、鸡肉、香菇、胡萝卜、青椒、洋葱。

❷ 菠萝从三分之一处横切开，叶柄可保留。用尖刀沿菠萝切面一圈划开，将果肉分割成若干小块挖出，菠萝碗上锅大火蒸 1 分钟进行消毒。

❸ 鸡肉切丁加入盐、料酒抓匀，加淀粉抓匀，腌制约 5 分钟。

❹ 锅内加水，烧至八成热下入肉丁滑开，见变白浮起捞出。香菇和胡萝卜分别切丁焯水，菠萝、青椒、洋葱分别切丁，备好米饭。

❺ 锅烧热倒油，加入洋葱炒出香味，加肉丁、蚝油煸炒，加胡萝卜、香菇煸炒，加入米饭。

❻ 将米饭炒至松散，加青椒略炒。

❼ 加菠萝略炒即可装入菠萝碗中。

咖喱
鸡肉饭

世上有各种奇葩的吃货，我家小外孙也算得上一个。他跟爸妈出去旅游，不是期盼着坐飞机、看风景，而是为了能吃到"美味"的飞机餐。他尤其喜欢飞机餐里的咖喱味道。其实咖喱粉中含有一种姜黄素的成分，姜黄素具有降血脂、抗肿瘤、利胆、抗氧化等作用。在孩子1岁以后可适当吃一点儿，特别是没有胃口时，饭中加一点儿可刺激食欲。但是，一定要选择原味不辣的咖喱。

做法：

1 大米和小米淘洗干净，放入电饭煲，加入适量水，开启蒸煮模式。

2 鸡腿去骨去皮去筋，土豆、胡萝卜洗净去皮，香菇洗净焯水，洋葱洗净，备好咖喱块。

3 肉切丁，加入料酒和生抽腌制20分钟。土豆、胡萝卜、香菇、洋葱切丁。

4 锅烧热倒油、加入洋葱煸炒，加鸡肉炒至变色。

5 加入土豆、胡萝卜、香菇炒至断生。

6 倒入开水，水要没过食材。

7 食材煮至熟透，加入咖喱块。

8 转小火慢煮，不断搅拌加快咖喱块溶解以免煳锅，待汤汁变浓稠即可。

主料：
大米 200 克（加小米 50 克）
鸡腿肉 170 克
土豆 130 克
胡萝卜 70 克
洋葱 50 克
香菇 40 克

调料：
料酒 8 克
生抽 8 克
橄榄油 15 克
咖喱 2 块
盐少许

外婆小·叮嘱

1 咖喱块溶解后，要尝一尝滋味，如淡就再加点盐。

2 咖喱吃多了易上火，不要吃太浓的咖喱饭菜，每次不超过约 20 克。

烤鸡米花

"烤鸡米花"这款孩子们喜欢的小吃，制作方法很简单，在肉块里加一点橄榄油增加湿度，一点胡椒粉增加香味。由于是无油烤制，鸡块裹料不宜太厚，夹起肉块依次在淀粉、蛋液和面包糠里轻轻滚一下即可。烤制时间不宜长，刚刚熟透最好。这样烤出来的鸡米花，才有外酥里嫩的口感。

主料：
鸡胸肉 175 克
淀粉 40 克
鸡蛋液 50 克
面包糠 70 克

调料：
洋葱 30 克
姜片 15 克
蒜瓣 2 个
料酒 15 克
白胡椒粉 1 克
橄榄油 6 克
盐 2 克

外婆小·叮嘱

❶ 由于是无油烤制，鸡块裹料时，淀粉、蛋液和面包糠不可蘸太多，轻轻滚一下即可。

❷ 烤制的时间不宜太长，肉熟透即可出炉。

做法：

❶ 鸡肉洗净，姜蒜切片，洋葱切丝，备好蛋液、淀粉和面包糠。

❷ 鸡胸肉最厚处横刀片成两片，用刀背横竖砸一砸使肉质松软。

❸ 切成长条状，再切小块。

❹ 肉块放入碗中，加入料酒、盐、胡椒粉、姜蒜片、洋葱丝和油抓匀，腌制半小时。

❺ 腌好的肉块依次裹上淀粉、蛋液和面包糠。

❻ 一边操作，一边间隔摆在铺好油纸的烤盘上。

❼ 推入预热好的烤箱中层，180 度上下火烤 18 分钟左右。

烤土豆角

外孙爱吃必胜客的薯格和土豆沙拉。薯格外形漂亮，香酥可口，但油太大，估计几块进肚，一天的食油量就超了。再说土豆沙拉，里面有培根、油脂之类的调味，口感很香，但吃几口感觉就腻了，热量很高。于是我就琢磨着在家怎样烤薯格给外孙吃，就有了下面这道小吃的做法。

主料：

土豆 550 克

调料：

橄榄油 8 克

盐适量

罗勒碎或黑胡椒碎少许

 外婆小·叮嘱

做法：

❶ 土豆洗净去皮，切成薄一点的滚刀块。

❷ 用水洗去土豆块表面的淀粉。

❸ 土豆块放在透气的筐子里晾干表面水分。

❹ 土豆块里加橄榄油拌匀。

❺ 土豆块摊放在铺上油纸的烤盘上。

❻ 推入预热好的烤箱中层，180 度上下火烤 30 分钟左右，中间取出翻一下。

❼ 烤至金黄色出炉，撒盐和罗勒碎即可。

❶ 土豆块不要切太厚，不然熟得很慢。

❷ 罗勒碎可换成黑胡椒碎。

❸ 蘸番茄沙司吃，味道更好。

无油
烤薯条

一次烤薯条，我忘记加油了，心想这下坏了，无油的薯条一定会粘在一起，干巴巴的口感，咕咚肯定不爱吃！没想到，中间翻拌薯条时，奇迹出现了，薯条之间没有粘在一起，淡淡的黄，色泽一点也不差。出炉后，更是让我欣喜，每根薯条都金灿灿的，一股土豆自然的香味扑面而来，趁热拌上了一点盐和胡椒粉就上桌了。咕咚见薯条烤好了，像往常一样，蘸着番茄沙司，一根接一根地吃了起来。从此，这营养健康的"无油烤薯条"就成了外孙假期早餐的新宠。

主料：
土豆 500 克
调料：
盐适量
胡椒粉少许
番茄沙司适量

外婆小·叮嘱

❶ 生土豆条里不要加盐，容易出水。

❷ 也可加少量橄榄油拌匀再烤。

❸ 无油烤薯条要趁热吃，凉透后有点硬。

做法：

❶ 土豆洗净去皮。

❷ 将土豆切成片，再切成条。

❸ 用水洗去土豆条表面的淀粉。

❹ 土豆条放在透气的筐子里晾干表面水分。

❺ 200 度预热烤箱。土豆条摊放在铺上油纸的烤盘上。

❻ 推进预热好的烤箱中层，上下火烤 30 分钟左右，中间取出翻一下，烤至金黄，出炉后撒一点盐和胡椒粉拌匀，蘸番茄沙司即可食用。

鸡蛋肉卷

早餐，外孙对肉不是很感兴趣。为了改变早餐肉类不足，我在肉的做法上经常变换花样，"鸡蛋肉卷"就是其中之一。可在晚上把肉馅调好，蛋皮烙好，放进冰箱冷藏室。第二天早上，用蛋皮卷上肉馅上锅蒸10分钟，接着放入备好的豆包、花卷或发糕蒸5分钟。最后搭配西兰花蘸麻汁或其他小菜，一顿方便快捷的早餐就完成了。

做法：

① 鸡蛋、里脊肉、香菜、葱姜清洗干净。

② 肉切成小块，香菜择去叶子切碎末，葱姜切碎末。

③ 肉、葱姜末放入料理机绞成肉泥，加盐、南酒、蛋清、香油搅匀，加淀粉搅匀，加香菜搅匀。

④ 蛋液搅匀，淀粉加8克水调开，加入湿淀粉再次搅匀。

⑤ 锅烧至微热擦少许油，淋入蛋液迅速转动锅体，使蛋液均匀分布成圆形，两面烙至微黄。

⑥ 蛋皮晾凉后，取一半肉馅放在蛋皮上抹平，蛋皮边沿要留出半指宽的空白。

⑦ 调一点水淀粉，抹在蛋皮边沿，卷好后两头用手捏住粘口。

⑧ 锅里加水，蒸笼内铺好略湿的笼布摆上肉卷，大火烧开转中火蒸15分。

外婆小·叮嘱

① 蛋皮摊得要略厚一点，否则肉卷切面纹路不清晰，影响美观。

② 肉馅不要太稀，否则不易卷起。

③ 肉馅用了1个蛋清，剩下的蛋黄可加在蛋皮里。

主料：	蛋清1个
猪里脊肉200克	香油10克
鸡蛋4个	淀粉8克
调料：	香菜梗20克
◎肉馅用料	◎鸡蛋皮用料
盐4克	盐1克
南酒15克	淀粉10克
葱末10	清水8克
姜末15克	植物油适量

自制
番茄沙司

用番茄自制的"番茄沙司"风味独特，酸酸甜甜的口感尤其吸引小朋友的味蕾。早餐容易没有食欲，番茄有增进食欲的功效，可尝试用番茄沙司调味，孩子一定会有好胃口。

做法：

❶ 番茄、柠檬清洗干净。

❷ 番茄放入滚开水中略煮至皮开，捞出后去皮切成小块。

❸ 切好的番茄块放入搅拌机中打成稀糊状。

❹ 番茄糊倒入锅中，加入糖、柠檬汁、橄榄油、香叶。

❺ 小火熬至略稠时，加入盐和淀粉，边熬边搅拌。

❻ 熬至黏稠即可出锅。

主料：

番茄 800 克

调料：

柠檬汁 15 克

白砂糖 40 克

香叶 3 片

盐 2 克

淀粉 8 克

橄榄油 15

外婆小·叮嘱

❶ 番茄要买自然熟透的。

❷ 不要用铁锅熬制番茄酱。

❸ 喜欢微辣的可加一点胡椒粉。

❹ 一次不要多做。最好装入干净的玻璃瓶封口，放入冰箱冷藏，可保存三至五天。

PART 5

来点儿甜头

　　三餐之间适当合理地给孩子吃些零食、甜点，可补充孩子身体所需的多种维生素和矿物质，对小朋友来说也是一种享受。想给孩子留下甜蜜美好的童年记忆吗？那就和孩子一起动手做吧。

豆沙
冰皮月饼

自制的"冰皮月饼"，真材实料，含糖量少。外形小巧可爱，口感香糯可口。作为中秋月饼，很适合孩子食用。

饼皮用料：
糯米粉 40 克
大米粉 40 克
小麦淀粉 40 克
鲜牛奶 180 克
玉米油 25 克
炼乳 30 克

白糖 20 克
手粉适量
颜色用料：
绿茶粉 2 克
紫薯粉 3.5 克
馅料：
红豆沙 240 克

外婆小·叮嘱

❶ 制作时面团用保鲜膜盖好，做好的月饼随手放入保鲜盒盖好，以免风干。
❷ 冷藏 5 小时食用口感更佳。一次不宜多做，两天之内吃完。
❸ 使用 50 克月饼模，12—15 个的量。

做法：
❶ 取适量糯米粉入锅炒至微黄，做手粉用。
❷ 糯米粉、大米粉、小麦淀粉、牛奶、玉米油、炼乳、白糖一并放入盆中，用打蛋器搅匀。
❸ 用筛网过滤一下，使其更细腻。
❹ 上锅蒸约 25 分钟。
❺ 蒸熟的面糊趁热用筷子搅拌至表面光滑，放置凉透。
❻ 面团分成三等份，其中两份分别加入绿茶粉和紫薯粉。
❼ 带色的面团分别揉匀。
❽ 面团分别揪成 25 克一个的剂子，馅搓成 25 克一个的小球。
❾ 面剂子用手压扁放豆沙。
❿ 收口搓圆，在手粉中滚一层薄粉。
⓫ 月饼球收口朝下，扣上月饼模，轻轻一压一推即可。

五仁月饼

一 饼皮做法：

1 备好面粉、糖浆、枧水、吉士粉、油。

2 把糖浆、油、枧水倒入盆中搅匀。

3 面粉与吉士粉混合，倒入盆中和成面团，盖好饧50分钟。

二 月饼馅做法：

4 将花生仁、核桃仁、松子仁、南瓜子仁、芝麻分别放入饼铛烤至微黄，花生、核桃去皮，葡萄干洗净去蒂沥水。

5 糯米粉炒至微黄，备好砂糖、蜂蜜、玉米油、白酒、矿泉水。

6 花生仁、核桃仁、南瓜子仁用刀切成粗粒。

7 盆里放五种仁用白酒拌匀，放葡萄干和砂糖拌匀。

8 放蜂蜜、油拌匀，放糯米粉，慢加水感觉能攥成团即可。

三 月饼的包法：

9 取五仁馅30克，搓成圆球，面团分成15克一个。

10 面团压扁放馅，两手把饼皮慢慢往上推，使其均匀地裹住馅。

11 滚一层薄面粉，用毛刷刷去多余的面粉，收口朝下扣上模子，一压一推即可。

12 烤盘铺垫纸摆月饼，推进预热好的烤箱，160度烤约8分钟，见月饼花纹定型，取出在表面刷蛋液，再放进烤箱烤至饼皮均匀上色即可。共烤约20分钟。

饼皮用料：	南瓜子仁 50 克
中筋面粉 200 克	白芝麻 50 克
转化糖浆 150 克	黑加仑葡萄干 50 克
枧水 3 克	粗砂糖 100 克
吉士粉 5 克	蜂蜜 50 克
花生油 45 克	玉米油 30 克
五仁馅用料：	白酒 10 克
花生仁 100 克	糯米粉 100 克
核桃仁 50 克	矿泉水 70 克
松子仁 50 克	

外婆小·叮嘱

1 五仁不要炒煳，大一点的果仁可用刀切一下，不可切得太碎，以免失去嚼头。

2 蛋液不要刷太多，只在表面轻刷一下，不然会影响花纹的呈现。

黑芝麻
汤圆

香甜软糯的"黑芝麻汤圆"外孙很是喜欢。但很多汤圆是由糯米粉裹着高油脂、高热量的巧克力、蛋黄和肉类做成的，如没有节制地给孩子吃，很容易导致消化不良、肥胖等症的出现，不利健康。因此，对孩子吃汤圆必须加以控制。外孙5岁以前很少吃汤圆，6岁以后，每次最多吃3个。

做法：
1　备好原料。
2　糯米粉倒进盆里，加入50克开水，用筷子迅速搅拌成絮状，试着加清水和成面团，盖好饧20分钟。
3　芝麻粉倒进盆里，加入蜂蜜、白糖、橄榄油。
4　搅拌均匀，抓成团。
5　馅分成9克一个，搓成圆球，面团分成15克一个的小剂子。
6　面团用手捏扁，中间放馅，两手轻轻往上收口搓圆。
7　每包好一个都要在生糯米粉中滚一滚。
8　水烧开后下汤圆，用勺背沿锅边轻轻推动以免粘锅。等再次开锅，点一勺凉水，重复三次，再煮1分钟左右即可。

外婆小·叮嘱

1　先用少量开水烫一下糯米粉，会提升面团的柔软度，包时不易裂。
2　包好的汤圆在生糯米粉中滚一层薄粉，可确保汤圆不粘连，不塌陷。

汤圆皮用料：	馅用料：
水磨糯米粉160克	黑芝麻粉120克
开水50克	蜂蜜35克
清水90克	白糖50克
	橄榄油30克

红枣葡萄干
粽子

做法：

1. 糯米淘洗干净浸泡4个小时，备好红枣、葡萄干、粽叶、线绳。
2. 粽叶放入开水中煮至变色捞出洗净，剪去叶柄，浸泡在水里。
3. 红枣略煮捞出洗净，在红枣一侧竖切口取出枣核。
4. 葡萄干去带洗净，取6粒包进红枣里。
5. 将两片粽叶错开一点重叠，在粽叶的三分之二处对折成漏斗状，底部不可有空隙。
6. 将1颗枣放入底部，加适量米，再放3颗枣。
7. 用米盖住枣和葡萄干，拇指和食指同时将两侧粽叶往里略收。
8. 将尾端的粽叶向上对折。
9. 完全覆盖在顶部，将两边多余的粽叶包严。
10. 将粽子竖起来，尾端粽叶朝上。
11. 将尾端粽叶向里折下捏紧。
12. 用线绳捆扎好，将多余的叶尖剪掉。
13. 高压锅底部铺一个草垫。
14. 将粽子摆入锅中，加水与粽子持平。扣紧锅盖，大火烧至呲汽，转中小火煮25分钟关火，焖2个小时即可。

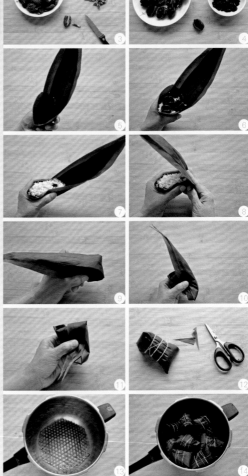

原料：

糯米 1000 克

红枣 88 颗

黑加仑葡萄干 136 克

干粽叶 44 片

线绳 22 根

外婆小·叮嘱

1. 干粽叶用开水略煮，目的是消毒、去除涩味、使粽叶更有韧性。煮的时间不宜长，否则清香味会减弱，见变色即可捞出冲洗。
2. 包粽子时，线绳不要捆得太紧。
3. 不要用经过加工的蜜枣之类的食材，天然的甜味更健康。

艾窝窝

"艾窝窝"是一款北京传统风味小吃，由于口感软糯香甜，适合大众口味，而且制作又特别简单，所以直到现在依然魅力不减。

　　这款经久不衰的小吃特别适合在家里制作，因为用料不多，而且都是常见的食材，如糯米、红豆馅或果仁馅，操作也不复杂。"艾窝窝"尤其符合现代饮食健康理念：口味清淡不油腻！可用来点缀孩子的早餐。

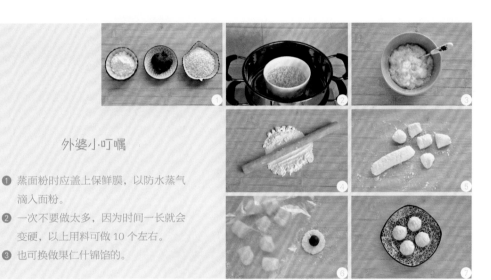

外婆小·叮嘱

❶ 蒸面粉时应盖上保鲜膜，以防水蒸气滴入面粉。

❷ 一次不要做太多，因为时间一长就会变硬，以上用料可做 10 个左右。

❸ 也可换做果仁什锦馅的。

原料：
糯米 100 克
红豆沙 50 克
手粉（熟面粉）30 克
山楂糕粒少许

做法：

❶ 备好糯米、红豆沙、面粉。

❷ 糯米洗净在水中浸泡 6 小时，捞出控水后加 90 克清水，放入蒸锅蒸 30 分钟。

❸ 蒸好的糯米饭，用小勺搅拌上劲，盖好待自然晾凉。

❹ 面粉放入碗中用保鲜膜盖好蒸 15 分钟。蒸熟后的面粉会结块，可用擀面杖擀成粉状，过筛做手粉用。

❺ 面板上撒点手粉，将糯米团滚成长条，切成 20 克一个的小剂子。

❻ 小剂子蘸手粉防粘，用手捏扁后放入 10 克红豆沙。

❼ 整成圆球，收口朝下，上面点缀上一点山楂糕装饰。

三色芋圆

芋圆是台湾的传统美味小吃，原料很健康。红薯是健康食品，含有多种人体需要的营养物质，能促进儿童身体发育，增强免疫功能。芋头能益脾胃，调中气，化痰散结，还具有洁齿防龋、保护牙齿的作用。使用天然色素自制的"三色芋圆"，口感香甜爽滑有弹性，颜色也十分诱人食欲！汤底可加入孩子喜欢的干果、水果、蜜豆之类的，会更具风味！

外婆小·叮嘱

❶ 薯类含水分不同，加入木薯粉后，应视软硬度适当加糯米粉或水调试。

❷ 汤底可用红豆汤、红糖水等替代，可随意加入蜜豆、葡萄干、水果等。

❸ 吃不了的圆子，撒上淀粉装保鲜袋入冰箱速冻保存。

原料：　　　　糯米粉 15 克
◎白色　　　　◎紫色
芋头泥 80 克　紫薯泥 100 克
白糖 35 克　　红糖 25 克
木薯粉 25 克　木薯粉 25 克
糯米粉 15 克　水 10 克
◎黄色　　　　汤底：
红薯泥 80 克　鲜牛奶适量
白糖 25 克　　白糖适量
木薯粉 25 克

做法：

❶ 红薯、紫薯、芋头清洗干净，备好木薯粉、白糖、红糖。

❷ 将红薯、紫薯、芋头蒸熟去皮，分别用刀背碾成泥。

❸ 分别趁热先加入糖搅至溶化，加木薯粉揉匀，再试着加糯米粉或水。

❹ 分别揉成软硬适度的团，紫薯含水少，可加少许水。

❺ 分别搓成圆柱状细长条，切成小块。

❻ 水开后，各取适量芋圆下入锅中，用勺子沿锅边轻推以防粘锅。见芋圆全部浮起，稍煮熟透即可。

❼ 将煮好的芋圆，用漏勺舀入凉开水里。用鲜牛奶加适量白糖溶化做汤底，加入芋圆即可。

切达奶酪
饼干

为了让小外孙吃上营养健康又好吃的小甜点，我报名参加了一个离家不远的烘焙培训班。"切达奶酪饼干"就是在学习班上见老师亲手示范学会制作的。这款饼干的口感是咸、甜味的，含糖量不高，风味非常浓郁，特别适合喜欢奶酪口味的孩子们食用。

做法：

1. 备好面粉、奶酪片、黄油、糖粉、芝士粉、鸡蛋和盐。
2. 将奶酪片拍上薄面粉摞起来，用刮板切成长条，再切小碎粒。
3. 黄油软化后，加入盐、糖粉，打发至体积膨松颜色略发白，加入打散的鸡蛋，搅拌至鸡蛋和黄油完全混合。
4. 加入奶酪碎，低速搅拌均匀。
5. 加入低筋面粉。
6. 用刮刀将黄油和面粉搅拌在一起。
7. 放在硅胶垫上，借助刮板按揉混合成团。
8. 面团分成两块，分别搓成长条。用刮刀压扁，表面刷蛋液，撒上奶酪粉。
9. 用刮刀切成小段。
10. 间隔摆在铺上油纸的烤盘上，推入预热好的烤箱中层，150度烤约25分钟，至表面微黄即可。

面团用料：
低筋面粉 140 克
切达奶酪片 90 克（5 片）
动物性黄油 70 克
糖粉 40 克
鸡蛋 20 克
盐 3 克
装饰：
鸡蛋液适量
卡夫芝士粉少许

外婆小·叮嘱

1. 奶酪片上拍上面粉，是为了避免切的时候粘在一起。
2. 烘烤时间要根据自家烤箱性能自行调整。

花生
牛轧糖

儿童节快到了，我要做点好吃的送给小外孙——他爱吃的"花生牛轧糖"，一份温馨甜蜜的节日礼物。愿小外孙永远平安、健康、快乐！

做法：

① 备好棉花糖、花生、奶粉、黄油。

② 花生放入电饼铛烤至微黄出香，花生自然放凉用手搓去红衣，装入保鲜袋用擀面杖轻压至微碎。

③ 不粘锅里加入黄油，小火融化。

④ 放入棉花糖。

⑤ 用铲子慢慢翻拌，让糖和黄油充分融合在一起。加入奶粉翻拌均匀。

⑥ 加入花生碎。

⑦ 快速拌匀后关火。

⑧ 倒入不沾烤盘里，借助刮板将其压平整型。

⑨ 放凉后取出切成合适的长条。

⑩ 再切成合适的小段，包上糖纸即可。

外婆小·叮嘱

① 要用优质花生，因花生最易受黄曲霉毒素污染，所以，一定不能让发霉的花生混进去。

② 棉花糖要选择品优、白色原味的。

③ 要用不粘锅，全程用小火加热。

原料：
白色棉花糖 150 克
熟花生碎 150 克
奶粉 100 克
无盐黄油 35 克

红豆沙
酸奶雪糕

给外孙制作冷饮，在原料的选择上，一般选用营养价值较高的食材，如红豆、绿豆、牛奶、酸奶、新鲜的水果等。自己做冷饮，不但添加剂少，有利健康，味道也更清新自然。

原料：
红小豆 250 克（熟红豆 210 克）
清水 650 毫升
酸奶 260 克
细砂糖 60 克

 外婆小·叮嘱

❶ 雪糕脱模时，用水冲一冲，结合用手攥一攥就容易多了。

❷ 红豆的分量，6 个一组的雪糕可做两次，剩下的可冷冻保存。

做法：
❶ 备好红豆、酸奶、砂糖。
❷ 红豆拣去杂质淘洗干净，倒进电饭煲，加水 650 毫升。
❸ 启动电饭煲蒸煮模式，鸣笛后拔下电源稍焖片刻，再次插上电源重复煮一次，焖 2 个小时。
❹ 在煮熟的红豆中取 210 克，加入砂糖拌匀。
❺ 加上酸奶。
❻ 倒入搅拌机，搅至细糊状。
❼ 倒入雪糕模，不要装太满，盖好入冰箱冷冻 4 小时以上。

芒果
冰激凌

我们从不给外孙在外吃冷饮，无论天有多热，替代冷饮的一般都是绿豆汤、红豆汤、梨水、酸奶等。因为孩子脾胃娇嫩，冷饮吃多了容易引起咽炎及肠胃疾病等。但是，孩子长大了，在身体条件允许的情况下，适当吃点冷饮也未尝不可。

做法：

① 备好芒果、砂糖和淡奶油。

② 芒果切开取取果肉。

③ 果肉放入搅拌机，打成细腻的果泥。

④ 砂糖放入奶油中，用打蛋器打 2 分钟左右。

⑤ 将芒果泥倒进打好的奶油中。

⑥ 用打蛋器稍微打几下后充分拌匀。

⑦ 将冰激凌糊倒进无水干净的盒子盖好，入冰箱冷冻 2 个小时。

⑧ 到时间取出来，用小勺翻拌均匀，再次入冰箱冷冻 2.5 小时即可。

外婆小·叮嘱

① 选择新鲜且口感不涩的芒果。

② 口感淡淡的甜，喜欢甜的可再加点糖。

原料：

鲜芒果肉 350 克

动物性淡奶油 250 克

细砂糖 45 克

雪梨莲子
银耳羹

中医认为银耳具有润肺止咳、补益肺气的作用。秋冬季节，特别是冬季通了暖气之后，如果室外空气质量差，加上室内空气干燥，很容易引起感冒、咳嗽等病症。这个时节，我会根据外孙的身体状况，以银耳为主，加上清热化痰的雪梨、健脾开胃的莲子、补中益气的红枣，借冰糖调味，做一些不同口味的银耳羹来对抗干燥的天气和环境。

外婆小·叮嘱

用高压锅或电压力锅煮银耳羹快捷方便，但要注意安全，使用前后应认真清理排气阀中的食物残渣，确保排气阀畅通。

做法：
① 将银耳、莲子、雪梨、红枣冲洗干净，备好冰糖。
② 银耳、莲子分别放入盆中，加水浸泡 2 小时以上。
③ 莲子掰开去苦心，红枣去蒂，梨削皮去核切小块，银耳冲洗干净撕成小朵。
④ 除红枣以外，全部放入高压锅里倒入水。
⑤ 扣好锅盖大火烧至呲汽，转小火煮 8 分钟关火。
⑥ 限压阀自然下落后加入红枣，锅盖再次扣好，小火煮 6 分钟关火，待限压阀自然下落即可。

原料：
干银耳 23 克
干莲子 30 粒
雪梨 1 个
红枣 12 颗
冰糖 100 克
清水 1500 毫升

鲷鱼烧

在一本食谱书里，有一款"鲷鱼烧"小吃，看上去好吃又可爱。于是我做了红豆沙和奶酪两种口味的"鲷鱼烧"。外孙见到胖嘟嘟的小鱼稀罕得不得了！顺手拿起一个奶酪馅的尝了一口："嗯，这个好吃！"吃完，我又让他尝了豆沙馅的。"嗯，这个更好吃！"

做法：

1. 低筋面粉和泡打粉混合过筛，备好鸡蛋、牛奶、豆沙馅。
2. 鸡蛋打散，加入细砂糖、蜂蜜搅匀，加入牛奶搅匀。
3. 加入过筛的粉类搅匀。
4. 加入玉米油搅匀。
5. 预热模子，用厨房用纸涂少许油。
6. 舀入六分满的面糊，用小勺把面糊摊开。
7. 豆沙馅用手捏扁，放入鱼肚中。
8. 用小勺舀入面糊盖住馅料（不宜太满），盖好开小火，端着把柄在火上不停地移动使其受热均匀。约 1 分半钟后翻面，方法相同。打开看一看，见两面微黄即可。

外婆小·叮嘱

1. 全程用小火烧制，不然易出现外煳里生的状况。
2. 一次不要做多，感觉热食更佳。
3. 使用蛋糕模（鲷鱼烧）。

面糊用料：	玉米油 15 克
鸡蛋 2 个（蛋液 123 克）	细砂糖 35 克
	蜂蜜 35 克
牛奶 75 克	馅用料：
低筋面粉 110 克	红豆沙 90 克
无铝泡打粉 3 克	

自制红绿
豆沙馅

红豆沙和绿豆沙的用途很多，我们可用来给孩子做各种美味主食和小甜点，如豆沙面包、豆沙包、粽子、月饼、汤圆以及冰饮等。不仅口感好，营养也丰富。绿豆富含优质蛋白、不饱和脂肪酸、碳水化合物、无机盐，维生素等，孩子适当吃绿豆可提高身体免疫力。红小豆富含膳食纤维，具有良好的润肠通便、健美减肥的作用。红豆还是富含叶酸的食物，适当吃红小豆有益孩子健康。

做法：
① 备好红小豆、绿豆、白糖。
② 将红小豆和绿豆分别拣去杂质，淘洗干净。
③ 将两种豆子分别倒进电饭煲，加水 650 毫升，选择蒸煮模式。鸣笛后拔下电源稍焖片刻，再次插上电源重复煮一次，焖 2 个小时。
④ 煮熟的豆子软烂适度，也可直接捣烂做成有颗粒感的豆沙馅。
⑤ 分别放入破壁机，加水约 200 毫升，启动适当模式。
⑥ 打好的豆沙细腻无渣。
⑦ 锅里加油，油五成热时加入豆沙炒至油和豆沙完全混合。
⑧ 加入白糖，这时豆沙会变稀，需不停地翻炒。
⑨ 炒至豆沙软硬适度。
⑩ 炒好的豆沙即可食用，剩余的可分成小包装，入冰箱冷冻保存。

红豆沙用料：
红小豆 250 克
白糖 150 克
盐 1 克
植物油 25 克
水 650 毫升

绿豆沙用料：
绿豆 250 克
白糖 150 克
盐 1 克
植物油 25 克
水 650 毫升

外婆小·叮嘱

① 两种豆一定要拣去杂质，否则不仅影响口感，更会影响健康。
② 干豆类的吸水量有差异，用水量仅供参考。
③ 豆沙炒得不要太稠，因为凉透后还要散发一部分水分。

草莓布丁

到了夏天，外孙吃的消暑饮品大都在家里制作，好处是食材新鲜自然，只要操作时注意卫生，相比外卖的还是健康很多。首先没有太多的防腐剂、色素等，还可根据孩子的喜好随意调整口味。再说，自己动手做也是一种乐趣，而这种生活乐趣也能潜移默化地影响孩子。

外孙对草莓情有独钟，"草莓布丁"口感清凉爽口，淡淡的酸甜，丝丝凉意总会给小家伙带来无尽的欢乐！

原料：
草莓 200 克
鲜牛奶 250 克
淡奶油 30 克
吉利丁片 1 片
（5 克）
白砂糖 50 克
装饰：
猕猴桃
草莓
芒果

外婆小·叮嘱

1 草莓泥不必捣得太细腻，略有颗粒感为好。
2 溶解吉利丁片的水温不要高于70度，否则会无法凝固。
3 成品要冷藏保存，温热环境很容易融化变形。

做法：

1 草莓洗净，备好牛奶、奶油、吉利丁、糖及布丁瓶。
2 草莓去蒂，用刀侧面压扁放入碗中捣成泥。
3 吉利丁片泡入冷水中（低于 20 度）约 7 分钟。
4 将牛奶、奶油、糖倒入小锅，开小火，轻搅至糖溶化，加热至约 60 度关火。将泡软的吉利丁片控水，放入锅中搅至溶解。
5 加入草莓泥搅匀。
6 倒入布丁瓶（不要太满），凉透盖好入冰箱冷藏约 8 小时凝固。
7 食用时可用水果碎做装饰。

菊花果酱
曲奇

"菊花果酱曲奇"由于造型好看，入口香酥松软，备受小外孙的喜爱。

酥性饼干虽然具备极好的口感，但油脂含量比较多。对于这一类的小点心，通常最好的解决办法就是自己动手制作。多用点心思调整饼干的配方，在基本不影响口感的情况下，适当减少油脂和糖的用量。即便是这样，一次也不能吃多，几块足矣。如果还想吃，就用其他点心和水果替代。

小零食，让孩子吃得开心也健康才是硬道理。

原料：
无盐黄油 65 克　　鸡蛋液 25 克
糖粉 45 克　　　低筋面粉 90 克
盐微量　　　　香草精 2 滴
　　　　　　　蓝莓果酱适量

外婆小·叮嘱

❶ 黄油加入蛋液时，应分次加入，并且每加一次都要搅拌至蛋液和黄油完全融合再加下一次，以免出现蛋油分离。

❷ 曲奇饼干上色很快，一点要注意观察。

做法：
❶ 黄油室温软化，加入盐和糖粉用刮刀略混合。
❷ 用打蛋器低速打发黄油，至蓬松发白。
❸ 滴入香草精，分三次加入打散的蛋液搅拌均匀。
❹ 分两次加入过筛的面粉。
❺ 翻拌均匀，至看不到干面粉即可。
❻ 裱花袋装上 12 齿裱花嘴，再装入面糊。
❼ 烤盘铺油纸，花嘴略贴烤盘以垂直方式挤出花形，可挤上果酱做花蕊。

可可水果
裸蛋糕

这是一款无需任何裱花技巧的蛋糕。只需做一个口感香甜柔软的可可戚风蛋糕，切片抹上少量动物奶油，撒上新鲜水果，将其摆起来，最上层用水果摆上个漂亮的花环，一个孩子们喜欢的非常漂亮的美味小宝塔就完成了，特别适合家庭制作。

做法：

❶ 将蛋清蛋黄分离，分别放入无油无水的盆里。

❷ 蛋黄糊：加入油、糖、牛奶拌匀，面粉和可可粉混合过筛后加入拌匀。

❸ 打发蛋白：滴入柠檬汁，分三次加入糖，用打蛋器由慢到快打发，至提起打蛋器能拉出短小的尖角。

❹ 取三分之一的蛋白放入蛋黄糊中拌匀。

❺ 倒入蛋白中拌匀，至蛋糕糊顺滑细腻。

❻ 倒入6寸活底模，推入预热好的烤箱中下层，150度烤约40分钟。出炉后轻择几下震出热气，倒扣在晾架上凉透脱模。

❼ 将蛋糕坯横切成三片。

❽ 奶油加入砂糖，用打蛋器打发至出现纹路。

❾ 取一片蛋糕抹上薄奶油，摆上草莓片、蓝莓，抹奶油。

❿ 摆第二层抹奶油，摆上猕猴桃片、草莓、蓝莓，抹奶油。摆第三层，抹奶油。用芒果丁、草莓片、蓝莓摆出花环造型即可。

可可戚风蛋糕用料：

鸡蛋3个（连皮190克）

鲜牛奶60克

玉米油25克

低筋面粉50克

可可粉12克

细砂糖60克（其中10克加入蛋黄糊）

柠檬汁5滴

装饰用料：

动物性淡奶油250克

细砂糖20克

芒果1个

草莓10个

蓝莓60克

猕猴桃1个

外婆小·叮嘱

❶ 可可粉的量不要加太多，不然会有苦味。

❷ 如蛋糕上色过快，可加盖锡纸。

❸ 要选择质感绵软的水果。

牛奶纸杯
小蛋糕

春天来了，又可以带着孩子去郊外踏青赏花了。

出去游玩，外孙的小零食是必带的。为了健康，我会提前制作几样小点心，如纸杯小蛋糕、小饼干、小面包等，再带上可口的水果。当孩子玩累了的时候，坐下来再尽情享受一下美味甜点带来的愉悦，让游玩变得更有乐趣！

这种质感松软、色香味俱全的"牛奶纸杯小蛋糕"由于配料和操作比较简单，特别适合家庭制作，也更方便外出游玩携带。

原料：
鸡蛋 3 个（带壳
167 克）
细砂糖 70 克
柠檬汁几滴
低筋面粉 90 克
鲜牛奶 30 克
玉米油 20 克

外婆小·叮嘱

❶ 确保鸡蛋新鲜。

❷ 全蛋打发时间不宜少于 9 分钟，不然形成的蛋泡糊组织不稳定，很容易在拌入面粉时消泡，导致失败。

❸ 随时观察蛋糕上色情况，必要时加盖锡纸。

做法：

❶ 鸡蛋、砂糖放入无油无水的容器，挤入柠檬汁。

❷ 用电动打蛋器低速将鸡蛋打散，高速打至蛋液体积膨胀，见滴落的蛋糊痕迹不会马上消失，再低速打发 1 分钟去掉大气泡，让蛋糊更细腻。

❸ 分两次筛入低粉。

❹ 用刮刀切拌、翻拌均匀（不要转圈搅）。

❺ 牛奶与玉米油混合搅匀，用刮刀舀适量面糊与其混合拌匀。

❻ 将混合物倒回蛋糊里翻拌均匀。

❼ 舀入纸杯（九分满），轻震去气泡。放入事先预热好的烤箱中下层，150 度烤约 30 分钟（烘焙温度和时间仅供参考）。

双色果冻

外孙跟我们去超市，若见到五颜六色的果冻只看不要。因为他知道，姥姥做的果冻也一样美味。

"双色果冻"是用鲜橙汁、鲜牛奶，分别加入少许白糖，借吉利丁粉凝固做成的。做法很简单，只要掌握好吉利丁粉的使用方法，再多用点小心思，就能做出口感软滑香甜、外观晶莹好看的果冻。

做法：
① 橙子洗净，备好牛奶、砂糖、吉利丁粉。
② 橙子切成两半，用简易榨汁器取汁。
③ 碗里加入 30 克凉开水，分次加入吉利丁粉搅匀泡约 6 分钟。
④ 橙汁加入糖，小火加热（约 50 度）搅至糖融化关火。
⑤ 泡好的吉利丁粉隔热水（约 80 度）融化。
⑥ 慢慢倒入吉利丁液搅匀放凉。
⑦ 分别倒入两个玻璃杯中，入冰箱冷藏约 4 个小时至完全凝固。
⑧ 牛奶果冻做法与橙汁果冻相同，将牛奶液倒入已凝固好的橙汁上面，入冰箱冷藏凝固。

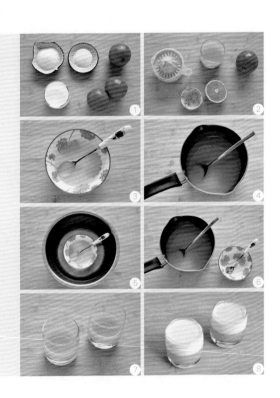

外婆小·叮嘱

① 可在橙汁和牛奶中分别加入几滴柠檬汁丰富口感。
② 橙汁和牛奶加热不可超过 70 度，否则会无法凝固。

原料：　　　　◎白色
◎橙色　　　　鲜牛奶 200 克
鲜橙汁 200 克　白砂糖 20 克
白砂糖 10 克　吉利丁粉 5 克
吉利丁粉 5 克

鲜蓝莓
马芬

"鲜蓝莓马芬"也是一种非常适合家庭制作的蛋糕，操作起来几乎没有难度，可谓简单又快捷。

　　看重这款马芬蛋糕，是因为里面添加了不少的新鲜蓝莓。大家知道蓝莓的营养十分丰富，不仅具有增强人体免疫力的功效，而且其中的花青素可有效预防近视，增进视力。无论从营养、外观和口感都使其有了质的飞跃。

　　刚出炉的马芬蛋糕，表面金黄，爆浆蓝莓透着诱人食欲的质感。难挡诱惑，迫不及待拿起一个掰开品尝，味道果然非同凡响：香酥酸甜，满口果香四溢。

外婆小·叮嘱

❶ 加入面粉后不要过度搅拌，面粉湿透拌匀即可。

❷ 加入蓝莓后翻拌要轻，尽量不要将其碰破。

原料：
低筋面粉 200 克
无铝泡打粉 4 克
盐 1 克
无盐黄油 80 克
细砂糖 100 克

鸡蛋 2 个（带皮
127 克）
原味酸奶 90 克
鲜蓝莓 150 克
装饰：
砂糖少许

做法：
❶ 面粉、泡打粉、盐混合过筛，蓝莓洗净控水，备好纸模。
❷ 黄油室温软化，加入砂糖用刮刀搅匀。
❸ 改用打蛋器打发至稍微发白，分两次加入蛋液搅匀。
❹ 加入酸奶搅匀。
❺ 加入面粉，改用刮刀翻拌均匀。
❻ 加入蓝莓，轻轻翻拌均匀。
❼ 用小勺舀入纸模内约八分满，表面撒上少许砂糖。送入预热好的烤箱中下层，150 度烘烤 30 分钟左右。

小熊猫
饼干

双层立体，憨态可掬的"小熊猫饼干"小外孙尤其喜欢。和姥姥一起动手制作饼干的过程，更是让他开心不已。

　　做饼干玩面团对于孩子来说，玩的意义大于吃。从中可让孩子的想象力和做事的持久力得到最大限度的锻炼。看到自己完成的作品，孩子们会增强自信心，继而激发对生活的热爱和良好的审美情趣！闲暇时，和孩子一起做饼干吧。

原料：

◎原味面团

低粉 100 克

无盐黄油 45 克

糖粉 40 克

鸡蛋 15 克

◎可可面团

低粉 130 克

黄油 65 克

糖粉 65 克

鸡蛋 25 克

可可粉 15 克

外婆小·叮嘱

1 面团冷藏后会变硬，便于压模。

2 挑去眼睛和嘴巴时可借助牙签完成。

3 组合形状时，一定要轻压，以免变形。

4 烘烤要随时观察上色情况，必要时加盖锡纸。

做法：

1 原味面团：黄油软化后加入糖粉，搅拌均匀。

2 分两次加入蛋液，搅拌至完全融合。

3 筛入低粉，翻拌均匀后装入保鲜袋。

4 可可面团：做法同上，只是在筛入低粉时要加可可粉，翻拌均匀后装入保鲜袋。

5 两种面团，放入冰箱冷藏 30 分钟。

6 先取可可面团，擀成约 0.2 厘米厚的薄片，用模具压出小熊形状。

7 用模具压出头部，挑去眼睛和嘴巴时可借助牙签。

8 用模具压出裤子、兜兜和肢体。

9 分别组合后，入预热好的烤箱中层，150 度烤约 15 分钟（烘焙温度和时间仅供参考）。

草莓果酱

春天是草莓收获的季节，外孙喜欢草莓酸酸甜甜的味道，几乎每天都吃点儿。

用新鲜的草莓做成"草莓果酱"，是为了换一种口味去丰富和点缀孩子的三餐。红艳艳、亮晶晶、香浓甜美的"草莓果酱"，抹在馒头片、面包片或玉米发糕上，让孩子感受甜蜜带来的快乐心情！

原料：

新鲜草莓 760 克

白糖 200 克

柠檬 1 个（取汁约 50 克）

外婆小·叮嘱

❶ 用淡盐水浸泡草莓，可杀灭草莓表面残留的有害菌。

❷ 柠檬汁除了调味还有防腐的功能，所以不能少。

❸ 食用前用干净的勺子取出，以免变质。

做法：

❶ 用流动水将草莓洗净，不要去蒂，放入淡盐水中浸泡 10 分钟。备好柠檬、糖和消毒好的果酱瓶。

❷ 草莓去蒂略冲洗控水，用刀侧面碾碎。

❸ 放入盆中加白糖搅匀。

❹ 放置 30 分钟，待草莓出汤。

❺ 倒入不锈钢锅内，用中火煮约 5 分钟，撇去沫加入柠檬汁。

❻ 转小火边熬边搅拌，直到变黏稠关火。待果酱自然冷却后装瓶盖紧盖子，入冰箱冷藏保存。

PART 6

蛋糕、比萨、汉堡，
难挡的诱惑

蛋糕包括各种汉堡和比萨等，添加油、盐、糖以及改善口感用的食品添加剂等，热量也略高，但小朋友们总是无法抵挡美味诱惑。其实在家制作，只要注意烹饪方法和食材营养，是可以点缀小朋友们餐桌的。

酸奶
戚风蛋糕

小外孙看到我们做家务时，他总有参与的渴望。我安排他磕鸡蛋，蛋黄和蛋清要完全分开，否则会导致蛋清打发不起来，蛋糕就长不高了。小家伙执意要学着做，看得出他很享受这个过程。脱模后的蛋糕挺挺的、黄灿灿的，样子很漂亮！切开内部，很细腻柔软，基本达到了戚风蛋糕的标准。他参与了做蛋糕的整个过程，虽然有时还帮了倒忙，但他会发现自己有能力完成很多事，会对生活更有自信。

做法：

❶ 将蛋清和蛋黄分离，备两个无油无水的盆。

❷ 拌蛋黄糊：加入油、糖、酸奶拌匀，加入面粉拌匀。

❸ 打发蛋白：滴入柠檬汁，低速打至粗泡，加入三分之一砂糖，中速打至泡沫细腻，加三分之一砂糖，高速打至出现纹路，加入剩下的糖。

❹ 提起打蛋器拉出弯勾是湿性发泡的状态，继续打。

❺ 提起打蛋器拉出短小的尖角是干性发泡的状态，停止。

❻ 取三分之一的蛋白放入蛋黄糊中拌匀。

❼ 倒入蛋白中翻拌至蛋糕糊顺滑细腻。

❽ 倒入6寸活底模，端起轻震几下震出气泡。

❾ 推入预热好的烤箱中下层，150度烤约40分钟。

❿ 出炉后轻摔几下震出热气，倒扣在晾架上凉透脱模。

原料：
低筋面粉50克
鸡蛋3个（连皮190克）
原味酸奶50克
细砂糖50克（其中10克加蛋黄）
玉米油24克
柠檬汁几滴（约3克）

外婆小·叮嘱

❶ 要用新鲜、冷藏过的鸡蛋，不然会影响蛋白的打发。

❷ 蛋黄糊和蛋白糊混合时，不可转圈搅拌，以免蛋白消泡，致使蛋糕长不高。

卡仕达
松软吐司

一 卡仕达酱做法

❶ 备好蛋黄、细砂糖、高筋面粉、鲜牛奶。

❷ 将全部原料放入小锅内搅拌均匀。

❸ 用微火边煮边搅拌成糊状。

❹ 取出放凉，盖保鲜膜，冷藏约 60 分钟。

二 卡仕达松软吐司做法

❺ 除黄油外，将所有面团原料与卡士达酱一起放入面包机桶内，启动揉面程序。

❻ 揉面 20 分钟后停止，加入软化的黄油，重启揉面程序。

❼ 再揉 20 分钟，揉成双手拉开面团两边可呈现较透明的薄膜，盖好进行基础发酵。

❽ 发酵至原来的两倍大。

❾ 取出面团按压排气，再揉 2 分钟分割成 3 等份，滚圆。

❿ 团面分别擀成长椭圆形。

⓫ 卷成圆筒状，收口朝下。

⓬ 摆入模中，用保鲜膜盖好，放至温暖处进行二次发酵。

⓭ 面团发至约八分满，表面刷蛋液撒上燕麦片。

⓮ 推入预热好的烤箱中下层，160 度烤约 35 分钟，取出放在网架上冷却。

 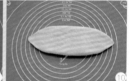

外婆小·叮嘱

❶ 面粉的吸水量有差异，可预留 10 克左右的水分，视面团的软硬度再加入。

❷ 烘烤任何面包，都要先预热，约 6 分钟左右。

卡士达酱用料：	酵母粉 4 克
蛋黄 1 个	奶粉 15 克
细砂糖 10 克	鲜牛奶 160 克
高筋面粉 15 克	盐 2 克
鲜牛奶 65 克	黄油 25 克
面团用料：	装饰：
高筋面粉 250 克	全蛋液
细砂糖 30 克	即食燕麦片

蜂蜜豆沙
小餐包

"蜂蜜豆沙小餐包"看上去朴实又可爱，嚼在嘴里津津有味——有蜂蜜的清甜，淡淡的奶香，还有绵绵的红豆沙，口感非常好，馋嘴的小外孙一吃就是几个。另外，小餐包用蜂蜜替代蔗糖，不仅改善了风味和口感，也增加了面包的柔软度。

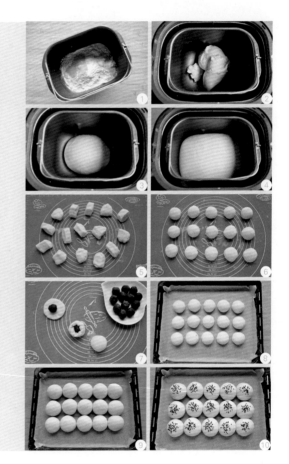

面团用料：
高筋面粉 200 克
低筋面粉 60 克
蜂蜜 50 克
牛奶 120 克
全蛋液 35 克
盐 3 克

酵母 3 克
无盐黄油 25 克
馅用料：
红豆沙 150 克
装饰：
黑芝麻少许

外婆小·叮嘱

❶ 烘烤过程中，注意观察面包表面，及时加盖锡纸以防上色过重。
❷ 烘烤时间应根据自家烤箱特性进行调整。

做法：
❶ 除黄油外，将所有原料放入面包机桶内。
❷ 启动揉面程序，20 分钟后停止，加入软化的黄油。
❸ 重新启动揉面程序，再揉 20 分钟，揉到能拉出薄膜，盖好进行基础发酵。
❹ 发酵至原面团的两倍大。
❺ 取出面团按压排气，再揉 2 分钟。面团分割成 15 等份，每个约 32 克。
❻ 将面团滚圆。
❼ 面团用手压扁，放入 10 克 1 个的馅，收口捏紧朝下。
❽ 间隔放在铺好油纸的烤盘上，放进烤箱里进行发酵。
❾ 发酵至之前的两倍大。
❿ 表面刷蛋液撒芝麻。推入预热好的烤箱中层，150 度烤约 15 分钟，至表面金黄，取出移至网架上冷却。

蔓越莓
小餐包

外孙平时特别爱吃葡萄干、蔓越莓干，有时蒸发糕、喝稀饭我也习惯给他加几粒。不只是为照顾口感，更为了其丰富的营养价值——蔓越莓含有丰富的维生素C及抗氧化能力很强的花青素，经常吃有助于预防疾病。简单可爱的"蔓越莓小餐包"，入口松软，细嚼酸酸甜甜。每次出炉，黄灿灿的，像花儿一样的"蔓越莓小餐包"没等完全晾凉，小外孙就伸手拿着吃，最少得吃上两个。

面团用料：
高筋面粉 220 克
鲜牛奶 145 克
细砂糖 30 克
盐 2 克
干酵母 2 克
黄油 20 克
配料：
蔓越莓干 40 克
装饰：
全蛋液
南瓜子仁

外婆小·叮嘱

烘烤过程中，注意观察面包表面，及时加盖锡纸以防上色过重。

做法：

❶ 除黄油外，所有原料放入面包机桶内。

❷ 启动揉面程序，20 分钟后停止，加入软化的黄油。

❸ 重新启动揉面程序，再揉 20 分钟，揉到能拉出薄膜，盖好进行基础发酵。

❹ 发酵至之前的两倍大。

❺ 取出面团按压排气，揉 2 分钟，滚圆压扁放上蔓越莓。

❻ 将蔓越莓揉进面团后滚圆。

❼ 将面团分割成 8 等份。

❽ 分别滚圆摆入中空模，用保鲜膜盖好进行二次发酵。

❾ 发酵至之前的两倍大，表面刷蛋液，摆上南瓜子仁。推入预热好的烤箱中层，150 度烤约 15 分钟，取出移至网架上冷却。

自制
汉堡坯

"自制汉堡坯"的好处，一是营养健康，二是汉堡坯大小及形状可自行调整，更方便孩子手拿着食用。这次，我用了汉堡坯模具，做出来的汉堡坯因为底部有模具层的保护，口感更松软了。

面团用料：

高筋面粉 120 克
低筋面粉 30 克
水 88 克
细砂糖 10 克
盐 2 克

干酵母 2 克
无盐黄油 10 克
装饰：
牛奶少许
白芝麻少许

外婆小·叮嘱

❶ 汉堡模里刷一层薄薄的橄榄油防粘。

❷ 使用 4 寸汉堡模具。

做法：

❶ 除黄油外，所有原料放入面包机桶内，启动揉面程序。

❷ 揉 20 分钟停止，加入软化的黄油。

❸ 重新启动揉面程序，揉 20 分钟到能拉出薄膜，盖好进行发酵。

❹ 发酵至之前的两倍大。

❺ 取出面团按压排气，再揉 2 分钟，分割成 4 等份。

❻ 将面团滚圆。

❼ 压扁擀成圆形，放入汉堡模。

❽ 放入烤盘，可入烤箱进行二次发酵。

❾ 发酵至涨满模具，表面刷牛奶撒芝麻。推入预热好的烤箱中层，150 度烤约 18 分钟，至表面金黄，脱模移至烤架上晾凉。

脆嫩
鸡腿堡

做法：

① 将鸡腿洗净，蒜瓣切片，姜切丝。

② 鸡腿肉用刀剔成基本连在一起的整片肉，肉厚的地方可浅浅地划上几刀。

③ 肉里加入盐、胡椒粉抓匀，再加洋葱丝、姜丝、蒜片抓匀，腌制25分钟。

④ 挑出腌料，将肉伸展成圆形，鸡蛋打散，备好淀粉和面包糠。

⑤ 小火将平锅烧至微热倒上油，提起肉饼依次蘸上淀粉、蛋液，裹上面包糠，放入锅中煎至金黄。

⑥ 翻面同样煎至金黄出锅。

⑦ 汉堡坯拦腰分开，切面烙至微黄。

⑧ 汉堡坯底部依次放上肉饼、生菜和沙拉酱，盖上汉堡坯顶部即可。

外婆小·叮嘱

鸡肉的煎制一定要掌握好火候，时间不宜长，否则就尝不出外焦里嫩的感觉了。

主料：

自制汉堡坯 1 个

鸡腿肉 75 克

低脂沙拉酱少许

生菜适量

橄榄油适量

腌肉用料：

盐少许

胡椒粉少许

洋葱丝 20 克

姜丝 10 克

大蒜 2 瓣

淀粉 10 克

鸡蛋 1 个

面包糠 15 克

牛肉汉堡

前些天，给外孙做的"脆嫩鸡腿堡"，里面夹的那块口感嫩滑、外皮香脆的鸡肉饼，一直让他念念不忘。这几天他又馋了，嚷着还要吃汉堡。这次我在30克的牛里脊肉里，加了20克猪肉，同样提前用淀粉和蛋液给肉上浆，煎出来的肉饼，无论从味道和口感上都发生了微妙的改善。

外婆小·叮嘱

肉饼煎的时候稍有回缩，做成的生坯要比汉堡坯略大一圈。

主料：　　橄榄油适量
自制汉堡坯1个　**腌肉用料：**
牛里脊肉30克　盐少许
猪肉20克　　　料酒5克
芝士片1片　　　胡椒粉少许
生菜适量　　　鸡蛋液10克
千岛酱少许　　淀粉5克
番茄1片

做法：
① 将牛肉和猪肉清洗干净，分别剁碎，洋葱备好。
② 牛肉和猪肉放入小碗，加入盐、料酒和胡椒粉抓匀。加蛋液和淀粉抓匀。加洋葱末搅匀腌制15分钟。
③ 肉馅包在保鲜膜里用手压成饼状，平锅烧至微热倒油，放上肉饼小火煎制。
④ 煎至两面金黄。
⑤ 汉堡坯拦腰分开，切面烙至微黄。
⑥ 汉堡坯底部依次放上芝士片、生菜、肉饼、番茄片、生菜、千岛酱，盖上汉堡坯顶部即可。

奶酪猪肉
汉堡

给外孙做汉堡少不了奶酪，奶酪中的钙含量是牛奶中钙的 6 倍，同时含有比例适合的磷和维生素 D，因此奶酪中的钙容易被身体吸收，可促进骨骼和牙齿的生长发育，还可抑制口腔细菌生长。奶酪中含量丰富的锌有助于儿童的智力发育。"奶酪猪肉汉堡"用的是软奶酪，夹在金黄的面包里，搭配一块冒着椒香味的猪肉饼，撒上绿色生菜丝，既好看又美味。

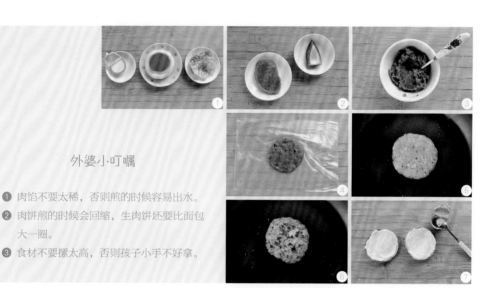

外婆小·叮嘱

❶ 肉馅不要太稀，否则煎的时候容易出水。

❷ 肉饼煎的时候会回缩，生肉饼坯要比面包大一圈。

❸ 食材不要摆太高，否则孩子小手不好拿。

主料：
鸡蛋面包 1 个
猪里脊肉 50 克
成长奶酪 1 小盒
生菜适量
橄榄油适量

腌肉用料：
盐微量
鲜姜汁少许
生抽少许
胡椒粉微量
洋葱 20 克
淀粉少许

做法：

❶ 备好奶酪、面包，生菜洗净控水。

❷ 备好洗净的猪肉、洋葱。

❸ 猪肉剁碎，加入姜汁、生抽、盐、胡椒粉抓匀，加洋葱抓匀，再加淀粉抓匀，静置十分钟使其入味。

❹ 肉馅放在一个保鲜袋上，用手整理成圆饼状。

❺ 平底锅烧至微热，倒入一点油，放入肉饼。

❻ 小火煎至熟透且两面呈金黄色。

❼ 面包从中间切开，切面分别放在烧热的锅里，小火烙至微黄。切面分别抹上奶酪，其中一块放肉饼，生菜切丝放在肉饼上，将另一块盖在上面即可。

培根土豆
比萨

外孙三岁多的时候喜欢上了比萨，我记得当时为了做好比萨，还专门去书店挑选了一本适合家庭制作比萨的书。反复琢磨，又反复看了一些制作比萨的视频，觉得在家制作比萨并不是一件很难办到的事。饼皮自制，荤素搭配，用料新鲜，多种口味，还能够满足小外孙的胃口，何乐而不为呢？

饼皮用料：
高筋面粉 140 克（2个 6 寸）
干酵母 1.5 克
砂糖 4 克
盐 2 克
橄榄油 4 克
水 90 克

培根土豆比萨用料：
比萨饼皮 1 个（6 寸）
番茄酱适量
土豆 80 克
马苏里拉奶酪 50 克
西兰花 30 克
培根 1 片
粗粒黑胡椒少许

外婆小·叮嘱

❶ 西兰花只用花蕾部分，与土豆一起蒸时要提前出锅，否则影响色泽。

❷ 烤制时间应根据自家烤箱特性随时调控。

❸ 面团的量可做 2 个 6 寸的比萨。

一 饼皮做法：

❶ 依次将水、油、盐、糖、面粉、酵母放入面包机桶内。开启揉面程序，揉 30 分钟。

❷ 开启发面程序，发至原来的两倍大。

❸ 取出面团揉匀分割成两等份，分别揉圆盖好，饧 15 分钟。

❹ 用手压成扁圆形，两手捏着面团边缘提起，快速旋转并一点一点伸展成圆形，用叉子扎孔。用这种手法，饼的边缘自然会形成提岸状。

❺ 平锅小火固定饼的底部，至饼底微黄即可。

❻ 用不了的饼皮装入保鲜袋冷冻保存。

二 培根土豆比萨做法：

❼ 土豆和西兰花蒸熟切小块，培根切粗条，备好饼皮、奶酪、番茄酱和黑胡椒。

❽ 饼皮放在烤盘上，抹上番茄酱，撒上奶酪。

❾ 将土豆、西兰花、培根摆放好。

❿ 上面撒上一层奶酪，推入预热好的烤箱中层，170 度烤约 15 分钟，撒上黑胡椒即可。

秋葵松仁
鸡肉丸比萨

做午饭时，小外孙突然提出想吃比萨。有点措手不及，我立马打开冰箱冷藏室，只剩几根秋葵，还有上次做比萨剩的马苏里拉乳酪和玉米粒、一小把松子仁、鸡肉丸子。我把这些东西从冰箱里逐一拿出来，脑子里不停地琢磨怎样搭配才合适。秋葵、松子仁、鸡肉丸子，不禁让我眼前一亮！

外婆小·叮嘱

❶ 鸡肉丸可换成其他肉丸子。
❷ 做比萨用的青菜，应选用含水分少的，否则太湿了影响口感。

原料：
比萨饼皮1个（6寸）
番茄酱25克
小秋葵2根
松子仁适量
自制鸡肉丸6个
玉米粒30克
马苏里拉奶酪50克
粗粒黑胡椒少许

做法：
❶ 芹菜、松子仁和玉米粒清洗干净，备好饼皮、番茄酱、奶酪、鸡肉丸和黑胡椒。
❷ 鸡肉丸一切两半，玉米粒去表面水分，秋葵切薄片。
❸ 饼皮放在铺好油纸的烤盘上，抹上番茄酱，撒上奶酪。
❹ 摆上鸡肉丸，撒上玉米粒、秋葵，上面再撒上一层奶酪。推入预热好的烤箱中层，170度烤约15分钟，出炉后撒上黑胡椒即可。

鸡蛋番茄
三明治

"鸡蛋番茄三明治"的做法很简单，吐司两片，夹煎蛋一个，生菜两片，借芝士和番茄沙司调味，再用鹌鹑蛋和小番茄做两只可爱的小兔子摆上。小外孙捧在手里瞅了又瞅，就是舍不得吃掉。

原料：
全麦吐司 2 片　　自制番茄沙司
鸡蛋 1 个　　　　适量
生菜 2 片　　　　橄榄油少许
芝士片 1 片　　　盐微量

外婆小·叮嘱

❶ 自制的番茄沙司口味比较淡，可在煎蛋上撒上微量盐。

❷ 生菜最好选择圆的，因为圆形的生菜比较嫩。

做法：

❶ 生菜洗净控水，备好面包片、鸡蛋、芝士片、番茄沙司。

❷ 平锅烧至微热倒一点油，鸡蛋煎至两面微黄。

❸ 吐司片切去硬边，在平锅里烙至两面微黄。

❹ 其中一片吐司摆上芝士片。

❺ 芝士片上抹番茄沙司。

❻ 番茄沙司上撒上切好的生菜丝或片。

❼ 生菜丝上放煎好的鸡蛋，最后再放吐司片盖上即可。

外婆手记

咕咚来了

2010年5月22日，这是个风和日丽的日子。下午五点多，随着一声清脆而婉转的哭声，我的小外孙呱呱坠地了。从此，在我的世界里又多了一抹美丽的色彩！

为迎接小生命的到来，他的爷爷、奶奶早已等候在产房外，无不带着新奇的喜悦与焦急的渴望，期待着与小宝宝在这个百花盛开的季节里相识。

女儿整个孕期，女婿对她照顾得无微不至，并陪女儿一同进了产房。当女婿推着宝宝站在候产室门口时，早已心急如焚的我们涌向宝宝身边，你一言我一语地夸赞着宝宝。奶奶迅速拿出早已备好的录像机，为宝宝留下了最美好的回忆。

外孙粉嫩粉嫩的模样很恬静，时而蹙眉，时而噘嘴，不时还会来个长长的哈欠，十分惹人喜爱！

不一会儿，护士抱起孩子，并叫家人陪同去给宝宝洗澡、穿衣服等。小家伙似乎不喜欢外界的刺激和触摸，使劲地哭闹，哭得是那样随心所欲，哭得是那样酣畅淋漓！换洗完毕，又被护士抱回到指定病房的婴儿车里。宝宝显然安静了许多，慢慢又沉浸在轻柔的梦境之中。

我担心产房里的女儿，这种担心只有当妈妈的才能够感受到。心里一直七上八下，当时的心情用任何语言文字都无法表述。还好，大约一个小时左右，女儿被推出了产房。

刚出产房的女儿，脸庞虚肿，一双原本好看的大眼睛，由于用力不恰当，致使白色眼球上充满鲜红的血丝。她神情木然地平躺在活动推床上，然而，当看到守候在产房外的家人时，脸上立刻露出一丝宽慰的微笑。

大家轻轻把女儿扶上病床，我一手握住女儿的手，一手抚摸着她的前额。看到她吃了那么多苦，万千思绪涌上心头，说不清是心疼还是感动。只是在看见女儿的那个瞬间，一直悬着的心终于放下了。作为母亲，女儿生男生女并不重要，重要的是母子平安！

我们把宝宝推到女儿的床前，极度疲惫中的女儿脸上立马绽放出最温柔的笑容。

宝宝还没有取名，叫什么好呢？大家一时想不起来。女儿说："宝宝在肚子里的时候，总能听到'咕咚咕咚'的声音，小名就叫他'咕咚'吧。"

咕咚和她的妈妈很幸福，住院的十几天里，夜里有奶奶和爸爸不辞辛苦地细心守护，白天有家人送汤送饭，还有很多亲戚和朋友抽出宝贵的时间去医院看望。咕咚仿佛感觉到了点点滴滴的关爱，表现得很乖。除了饿或小屁屁不舒服时哭闹一会儿，剩下的都是甜甜的梦！

女儿痊愈出院了，小外孙第一次隔着棉布闻到了外面清新的空气，不哭也不闹，平平安安地回家了。

小咕咚是上苍赐予的礼物！我们会用生命去呵护他，用爱去教育他。祝福我的外孙——愿他有强壮的体魄，健康的心理，愉快的人生！

语言学习所向披靡

咕咚1岁9个月零22天了。一岁半之后的外孙，成长变化快得惊人。似乎是以一种难以预期的速度往前发展着，尤其在语言发展及逻辑思维方面，总是在不经意间给我们带来惊喜！

2月13日　吃过早饭，外孙就缠着姥爷给他讲"小兔乖乖"。姥爷立马放下手里的活，接过书开始给他讲。听着听着，咕咚突然复述姥爷的话："小兔乖乖，把门开开，不开，妈妈回来了。"虽然说得不够连贯，可毕竟一口气说出了15个字的长句子。

3月1日　照顾咕咚吃过午饭后，我感觉有点累。姥爷说："你去歇歇吧，我共咕咚睡觉。"不料我刚躺下就听外孙滑着小汽车满屋转着找我。找不到就问姥爷:"嗷爷（姥爷），嗷嗷（姥姥）去哪里啊?"这是咕咚第一次用"疑问句"对话。

3月6日　早上8点，早餐给外孙做了大米红豆粥、葡萄干发糕、清蒸西兰花蘸麻酱、地瓜。咕咚吃得很尽兴! 指着地瓜说:"这是地瓜。"哦! 咕咚会用指示代词了。下午，咕咚跑到我的房间，拉开床头柜抽屉，拿出我的一张近照。"哪一个是姥姥呀?"我问他。他很快找到，并指着我说:"你!"哦! 咕咚会用人称代词了。

3月9日　吃过早饭，咕咚嚷着要再去坐巴士，我们就向体育场附近的一家铃木车专卖店走去。其中一位小伙子走过来对我说:"阿姨，天冷，你带孩子到屋里去玩吧。"谢过之后，我领外孙走进店里。他看到五辆崭新的铃木车整齐地排在那儿，很是兴奋，瞪着一双水汪汪的大眼睛惊讶地说:"好（hào）! 全是铃木车!"瞧，这点小人还会抒发感叹呢。最近，咕咚频繁使用感叹词，如好（hào）、哟、哎呀等。

现在，咕咚能用稚嫩而富有个性的语言与我们进行简单的对话了，不用提示能自己背诵一些简单的诗词和儿歌，如《咏鹅》《春晓》《锄禾》《相思》《静夜思》以及儿歌《小白兔》《两只老虎》《小老鼠上灯台》等; 喜欢数数，能从1数到30，但对数字的意义还不是很清楚。

有爱心的小男生

1月25日　我感冒了，咕咚见到床头柜上的药瓶子，拿起来就塞到我的手上说:"嗷嗷（姥姥）吃，嗷嗷（姥姥）吃!"然后又指着杯子:"嗷嗷（姥姥）喝水，嗷嗷（姥姥）喝水。"外孙惊人的举动叫我异常感动，才1岁7个月的孩子啊。

3月28日　外孙午觉醒来，姥爷喂了他一点苹果他就嚷着出去滑滑梯。这是外孙上滑梯第一次不让大人扶，自己抓着滑梯台阶两边的栏杆走上去，然后又自己从上面滑下来。他对身边的小朋友一向非常友好，他看到一个小弟弟上滑梯台阶非常吃力，于是，他停下来拍着小手:"加油! 加油! 加油……"直到小朋友爬上去。

3月29日　我带外孙去商店玩，他看到一位小女孩在门口推门玩，他马上跑过去，神情严肃而认真地说:"别挤手，别挤手!"已经知道关心别人了。

5月11日　母亲节，咕咚妈请我们出去吃饭。下午5点，姥爷开车带着我们出发了。

车刚刚开出小区，外孙突然像个小大人似的提醒姥爷："姥爷，慢慢开车！"

童言童趣

2岁零29天的外孙，人小鬼大，说话经常把我们逗得哭笑不得！

3月14日　我带咕咚出去玩，回到家已快11点了。一进门，见他姥爷正坐在沙发上看电视。我说："咕咚，去找姥爷玩，我去厨房做饭。"我刚系上围裙，满脸惊异的姥爷笑呵呵地推开厨房门说："你听见了没有，咕咚说我不像话呢！这话准是跟你学的。"我连忙放下手里的活，过去问他："咕咚，为什么说姥爷不像话呀？"他说："姥爷光看电视，不像话！"

5月10日　咕咚的小姨来了。吃午饭的时候，小姨问咕咚："咕咚，你妈妈干什么去了？"咕咚很认真地说："妈妈上班挣钱，没有奶粉吃啊！"瞧，还会"叫苦装穷"呢！这话把我们逗得哄堂大笑。

6月11日　我带咕咚在商业街玩，玩着玩着他看到菜店的两个孩子坐在那儿吃糖豆。咕咚走过去，眼睛直瞅着人家手里的糖，看样子馋得不得了，可又不好意思伸手去要。于是，咕咚对他们说："吃糖对牙不好！"

6月18日　晚上听咕咚妈说，昨天，她和咕咚爸在车上逗趣，咕咚妈说："怎么了，你有意见吗？"咕咚爸说："没意见！"不料躺在车后座上玩的咕咚突然插了一句："有意见也不说！"

咕咚三岁了

1. 基本信息

*姓名：朱子轶　乳名：咕咚　年龄：3岁　身高：95cm

体重：30斤　性别：小帅哥　学历：自修生

家庭住址：暂住姥姥家

2. 健康及饮食情况

*身体自身免疫力良好，只是在天气多变时易流鼻涕。

*食欲较强，不挑剔，食量需要控制。

　　*依然爱吃葡萄干玉米发糕、土豆丝卷饼、西红柿疙瘩汤、萝卜疙瘩汤、番茄牛肉意面，几天不吃就念叨。

　　*喜欢吃各种肉类（不包括肥肉及熟肉制品），最爱吃鱼类。

　　*爱吃的蔬菜：胡萝卜、西兰花、有机菜花、丝瓜、青萝卜、莲藕、蘑菇、冻豆腐、土豆、冬瓜等，但对小白菜不感兴趣。

　　*喜欢的水果：只要甜味足，不计品种。

3. 语言能力

　　*能分清人称代词，并能正确运用。

　　*会使用形容词，如可爱的小熊、衣服很漂亮、美丽的花、洗干净了等。

　　*会使用副词，如他已经走了、乌龟可能饿了等。

　　*会使用连词，如我和姥爷、我跟他等。

　　*能声情并茂地背诵内容较长的诗词和散文，如《再别康桥》《明月几时有》《我爱这土地》《咏梅》《长征》《解放军占领南京》以及《美丽的多多岛》等。

　　*喜欢表达个人的见解和意愿，喋喋不休，能说的话已经很多。高兴时会主动使用礼貌用语，如：您好、谢谢、再见、没关系、对不起、可以吗、好不好、请帮忙等。

　　*会跟大人谈条件，如让他去干某件事，会用商量的口气说："能奖励我一颗小星星吗？""能奖励我糖吃吗？"冲这语气，一般会得到允许。

　　*有时抓着手机演戏，有次在电话中问奶奶："奶奶，你在家干什么呢？吃饭了吗？哦，哦，吃饭了。我想你了，过几天就回去。"

4. 认知方面

　　*认识基本形状和线条，如三角形、正方形、圆形、半圆形、梯形及直线、曲线。

　　*理解基本方位词，如上下、前后、左右、里外，东西南北还没搞清。

　＊认识12种颜色，如白色、黑色、棕色、红色、绿色、蓝色、紫色、红色、粉色、灰色、橙色、黄色。

　＊能数到100，认识数字1～30，30～100已经认识了很多，但有个别数字容易认错。

　＊能记住爸爸妈妈的手机号，写在纸上能指认。

　＊基本上能记住爷爷奶奶、姥爷姥姥以及自己家的住址。

　＊喜欢认小区里的广告牌、爱护花草提示牌、商业门面牌。写在纸上能指认。

　5. 阅读方面

　＊外孙爱听故事，妈妈根据他的兴趣按阶段买了百余本经典绘本。从不到1岁，白天、晚上轮流给他讲故事。对喜欢的书百听不厌，如《巴巴爸爸系列》《托马斯系列》《汤姆系列》《巴布工程师》《小船的故事》等。当我发音不准或讲错时，他会立马加以纠正。对特别喜欢的书，能自己翻页讲下来。

　＊边玩边学的书也很喜欢，如点读书、贴纸书、剪纸书等。

　6. 性格方面

　＊性格开朗。喜欢逗趣，如果我生气了，他会说："姥姥别生气了，咕咚听你的话。"

　＊性子有些急，缺少耐性，正在调教中。

　＊原来胆子比较小，见小朋友打架，会迅速跑到远远的地方观望；别的小朋友抢他手里的玩具，不敢自己去要，有时还会哭鼻子。现在变了，变得自信了很多，那个怯怯的小男生不见了。

　＊情感比较丰富，知道关心别人。姥爷给他削水果时，不小心划破了手，他会问："姥爷，手好了吗，还疼吗？"出去玩，看到危险的地方，他会提醒我："姥姥，小心点！"

　7. 社交方面

　＊能跟小朋友友好相处，从不打人骂人。

　＊喜欢跟比自己大一点的小朋友玩，会主动邀请小朋友来家里玩。知道分享，会把新买的玩具以及好吃的拿给小朋友。最好的朋友：小川、休休。

8. 兴趣方面

*喜欢摆弄车。特别爱玩"托马斯系列小火车""巴布系列工程车"。几乎每天都要缠着姥爷和他一起玩"分配任务"的游戏，姥爷没空就自己玩，似乎很着迷。

*喜欢唱歌。会唱并经常挂在嘴上的有《打靶归来》《说打就打》《我的祖国》《大海故乡》《外婆的澎湖湾》《小燕子》《小毛驴》《竹子开花》《满天都是小星星》等，受姥爷影响颇深。最近迷上了哼唱英文歌。

9. 生活自理方面

*能自己穿脱裤子，上衣只会脱不会穿，只会穿一脚蹬的鞋，还不会系鞋带。

*能自己吃饭喝水，但不会使用筷子，喝面条时需要帮助。

*能自己洗手，有模有样，搓肥皂时能及时关上水龙头，知道节约用水。洗脸能力有待提高。

人小鬼大

外孙3岁3个月了，越来越有自己的想法了。

有一次，咕咚正坐在前座双手拍着车窗玩耍，咕咚妈全然不知，开车门时，不小心晃了他一下。哦，咕咚不乐意了，冲妈妈大声说："你开门的时候，怎么不叫我把手拿下来呢？难道你不知道里面有你的孩子吗？"

8月2日　今天，外孙吃饭的时候不是很守规矩，一会儿站起来走走，一会儿把一只脚丫子放在椅子上，一会儿又狼吞虎咽，于是，我批评了他。外孙是个讲道理的孩子，不一会儿就规规矩矩坐在桌前吃饭了。吃着吃着，他突然对我说："姥姥，吃饭就光吃饭，说话就光说话，不然饭吃到嘴里就咽不下去，咽不下去就得去医院打针，知道吗？"

小家伙人小鬼大，意思是我做得不对，你也有不对的地方呀。

上幼儿园的变化

外孙第一天去幼儿园是妈妈送的。他初次来到一个完全陌生的地方，我想象得出，他心里肯定是忐忑不安的，同时也会感到十分新奇……哭几声也是正常的。

幼儿园反馈：这一天，咕咚吃饭很好，每人两小碗米饭，有汤有菜，全吃光了。问题出在午觉醒来——哦，我怎么会在这儿呢？我的爸爸和妈妈呢？哇！哭了，号啕大哭，哭得好伤心，哭声响彻整个幼儿园！哭的原因——"我是太想妈妈了！"

以后的几周里，咕咚还是有些不愿去幼儿园。问及为什么不愿去，"我不是不愿去幼儿园，是因为我太想妈妈了。"有时也会说："因为幼儿园不如家里好玩。"不过外孙不拗，只要爸妈、奶奶在他去幼儿园前做一番思想工作，他还是能勉强答应去幼儿园的，而且从未间断。

自从去了幼儿园，咕咚学会了不少本事呢。

*会蹲厕了。在家里只会坐在便盆上大便，在幼儿园里学会了蹲便坑。

*会剥鸡蛋了。在家吃鸡蛋的时候，自己懒得剥。现在好了，不光会剥鸡蛋，就连鹌鹑蛋剥得也很干净，那剥皮的样子很专注，也很耐心。

*会穿裤子了。在家里的时候，裤子穿得歪歪扭扭，现在已经穿得很利索了。有一次我给他穿袜子，他说："我自己会！"说着，顺手从我手里夺过袜子，很快就穿上了。

上幼儿园，是从一个原本熟悉的环境突然来到一个完全陌生的环境。姥爷、姥姥相信外孙是个勇敢的孩子，很快会适应幼儿园的生活。

图书在版编目（CIP）数据

外婆喊我吃饭了：最有故事的儿童餐 / 陈蕾著. —济南：山东画报出版社，2017.8
ISBN 978-7-5474-2312-7

Ⅰ.①外… Ⅱ.①陈… Ⅲ.①儿童—食谱 Ⅳ.①TS972.162

中国版本图书馆CIP数据核字（2017）第030776号

责任编辑　王一诺
装帧设计　宋晓明
主管部门　山东出版传媒股份有限公司
出版发行　山东画报出版社
　社　　址　济南市经九路胜利大街39号　邮编 250001
　电　　话　总编室（0531）82098470
　　　　　　市场部（0531）82098479　82098476（传真）
　网　　址　http://www.hbcbs.com.cn
　电子信箱　hbcb@sdpress.com.cn
印　　刷　东港股份有限公司
规　　格　160毫米×230毫米
　　　　　　7.375印张　900幅图　100千字
版　　次　2017年8月第1版
印　　次　2017年8月第1次印刷
印　　数　1–4000
定　　价　46.00元

如有印装质量问题，请与出版社总编室联系调换。